Jeden Tag ein bisschen besser

MATHEMATIK

Testaufgaben

8. Schuljahr

von
Jochen Kreusch

Illustriert von Roland Beier

Cornelsen
SCRIPTOR

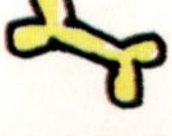

Der Autor:
Jochen Kreusch ist erfahrener Mathematiklehrer und Autor von Schulbüchern und Lernmaterialien für das Fach Mathematik.

Cornelsen online http://www.cornelsen.de

Bibliografische Information: Die Deutsche Bibliothek verzeichnet diese Publikation in der Deutschen Nationalbibliografie; detaillierte bibliografische Daten sind im Internet über http://dnb.ddb.de abrufbar.

Dieses Werk berücksichtigt die Regeln der reformierten Rechtschreibung und Zeichensetzung.

5.	4.	3.	2.	1.	Die letzten Ziffern bezeichnen
09	08	07	06	05	Zahl und Jahr der Auflage.

Redaktion: Maria Bley, Baldham
Typographie: Julia Walch, Bad Soden
Umschlagentwurf: Bauer + Möhrig, Berlin, unter Verwendung
einer Illustration von Roland Beier, Berlin
Illustrationen: Roland Beier, Berlin
Sachzeichnungen: Stefan Giertzsch, Berlin
Satz: FROMM MediaDesign GmbH, Selters/Ts.
Druck und Bindearbeiten: Saaledruck Naumburg
Printed in Germany
ISBN 3-589-22124-0
Bestellnummer 221240

Gedruckt auf säurefreiem Papier, umweltschonend hergestellt aus chlorfrei gebleichten Faserstoffen.

Inhalt

Vorwort 5

1 Dreisatz – in drei Schritten zum Ergebnis 6
2 Einfache Gleichungen aufstellen 8
3 Mit „bequemen" Prozentsätzen rechnen 10
4 Prozentrechnung anwenden 12
5 Zinsen berechnen 14

6 Ausklammern 16
7 Terme 18
8 Termwerte berechnen 20

9 Einfache Gleichungen 22
10 Bruchgleichungen 24
11 Textgleichungen 26
12 Ungleichungen 28

13 Lineare Gleichungen mit zwei Variablen 30
14 Gleichungen und ihre Geraden 32
15 Nullstellen ermitteln 34
16 Lineare Gleichungssysteme 36
17 Gleichungsmix 38

18 Kreislehre – Satz des Thales 40
19 Einfache Beweise am Kreis 42
20 Berechnungen an Vierecken 44
21 Vierecke konstruieren 46
22 Flächeninhalt von Vierecken 48

23 Körper darstellen 50
24 Quader und Prismen 52
25 Prismen und Zylinder 54

26 Mehrstufige Zufallsexperimente 56
27 Pfadregeln 58
28 Statistik und Wahrscheinlichkeit 60
29 Simulationen 62

Vorwort

Hallo, liebe Schülerin, lieber Schüler!

Hallo, liebe Eltern!

Wer ***jeden Tag ein bisschen besser*** wird, ist bald sehr gut!

Dieses Heft stellt auf jeder Doppelseite Testaufgaben aus dem Mathematikunterricht der 8. Klasse vor, die in einer Viertel- bis halben Stunde bearbeitet werden können. Eine Doppelseite pro Tag genügt völlig. Man schreibt einfach direkt ins Heft rein. Ist einmal nicht genug Platz, kann auch alles auf ein Blatt Papier geschrieben werden.

In der Mitte des Heftes haben wir einen Lösungsteil zum Heraustrennen eingeheftet. Damit sollten immer gleich die Ergebnisse überprüft werden. Das ist ganz wichtig, um in Zukunft Fehler zu vermeiden!

Für jede richtige Lösung gibt es Punkte, die im Lösungsteil in eckigen Klammern stehen. Auf jeder Doppelseite kannst du 30 Punkte erreichen.
Addiere deine Punkte und prüfe:
24 Punkte und mehr? Sehr gut! Ein tolles Ergebnis!
19–22 Punkte? Gut! Die meisten Schwierigkeiten hast du schon sicher im Griff.
10–18 Punkte? Nicht schlecht. Du könntest noch ein besseres Ergebnis erreichen. Wo hast du Fehler gemacht? Vielleicht probierst du dazu morgen einen neuen Anlauf.
Weniger als 10 Punkte? Dir machen noch zu viele Dinge Schwierigkeiten. Arbeite die Doppelseite heute oder morgen noch einmal in Ruhe mit Hilfe des Lösungsteils durch. Wenn du nicht weiterweißt, hilft dir vielleicht dein Schulbuch oder ein Mathekenner zu Hause oder in der Klasse.

Und nun viel Spaß und viel Erfolg!

1 Dreisatz – in drei Schritten zum Ergebnis

Das Datum von heute ______________

Auf dem Wochenmarkt kosten vier Bund Schnittlauch 96 ct. Wie viel Cent kosten dann fünf Bund Schnittlauch? Welchen Betrag muss man für sechs Bund zahlen?

a) 4 Bund → 96 ct | : 4

1 Bund → ______ | · 5

5 Bund → ______

b) 4 Bund → 96 ct

2 Bund → ______

6 Bund → ______

Antworten:

a) ____

b) ____

Wenn 15 kg Fassadenfarbe 69 € kosten, wie viel kosten dann 25 kg dieser Farbe? Rechne vorteilhaft.

15 kg → ______

5 kg → ______

____

Antwort:

____

____

Bei Familie Sommer holen die Kinder samstags Brötchen vom Bäcker. Beim letzten Mal hat Frank für sechs Brötchen 2,70 € bezahlt. Heute ist Anja dran und soll neun Brötchen kaufen. Ob dafür 4 € reichen?

Antwort:

Für 150 g Nussschinken bezahlt Frau Krömer im Feinkostladen 2,55 €. Ergänze die Preistabelle und rechne vorteilhaft.

Menge Nussschinken	150 g	50 g	200 g	500 g	250 g
Preis	2,55 €				

Beim letzten Wandertag legte die 8a in gleichmäßig-gemütlichem Tempo bis zur ersten Rast nach 2,5 Stunden eine Strecke von 9 km zurück.

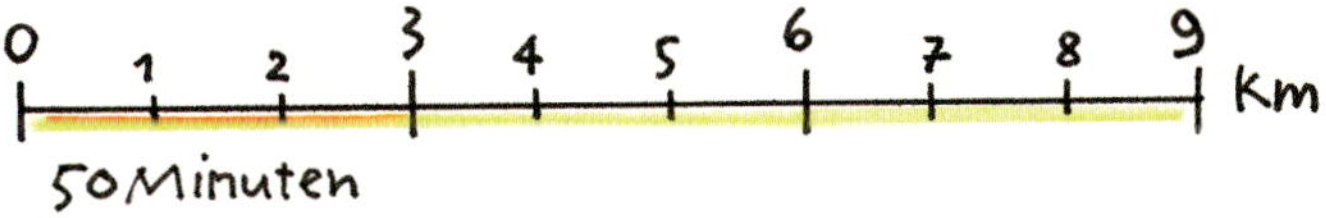

a) Wie viel Kilometer schaffte die Gruppe in 50 Minuten?

b) Wie viel Minuten brauchte sie dann für 6 km?

Antworten:

2 Einfache Gleichungen aufstellen

Das Datum von heute

Mit unterschiedlichen Fahrzeugen sind 720 km zurückzulegen. Wie viel Stunden dauert die Fahrt bei den angegebenen Durchschnittsgeschwindigkeiten jeweils?

Durchschnitts-geschwindigkeit: v (km/h)	240	120	90	80	72
Benötigte Zeit: t (h)	3				

Durchschnitts-geschwindigkeit: v (km/h)	60	30	15	12	
Benötigte Zeit: t (h)					120

Eine große Kelterei besitzt zwei Abfüllautomaten, von denen jeder bei Normalbetrieb 45 Flaschen pro Minute befüllt.

a) Wie lange braucht einer dieser Automaten, um 4 500 Flaschen zu befüllen?

b) Nachdem der eine Abfüllautomat 30 Minuten gelaufen ist, wird der zweite zusätzlich in Betrieb genommen. Wie lange dauert es nun, bis 4 500 Flaschen abgefüllt sind?

Im australischen Buschland können manche Ärzte ihre Patienten nur mit dem Flugzeug erreichen. Im Normalfall schafft die Maschine eines solchen „fliegenden Arztes“ 200 km in 20 Minuten. Heute steht aber nur ein Flugzeug zur Verfügung, das 450 km pro Stunde fliegt. Wie lange dauert der Flug nun, um ein 200 km entferntes Ziel zu erreichen?

Die Firma Ruckzuck will eine neue Werkzeugmaschine anschaffen und kalkuliert, ab welcher Stückzahl sich der Einsatz der neuen Maschine lohnt.

Alte Maschine (siehe Skizze):
Vorbereitung: 15 min
Leistung: 12 St./5 min

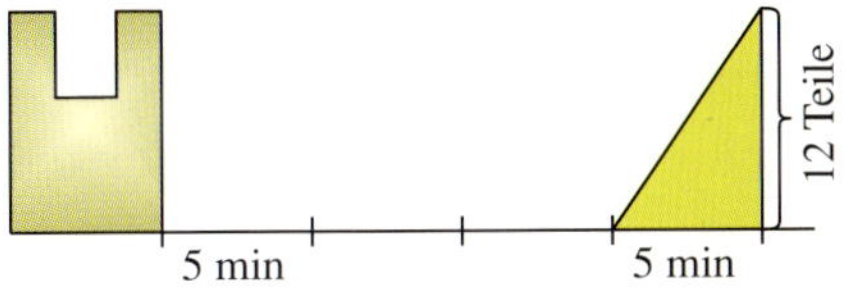

Neue Maschine:
Vorbereitung: 40 min
Leistung: 36 St./10 min

a) Es sind 144 Teile herzustellen. Wie viel Minuten braucht dazu jede der Maschinen?

b) Von welcher Stückzahl an lohnt sich der Einsatz der neuen Maschine?

3 Mit „bequemen" Prozentsätzen rechnen

Das Datum von heute

____

Wie viel sind 22 % von 350 m? Bert und Bianca berechnen den Prozentwert und gehen dabei unterschiedlich vor:

Berts Rechnung:

100 % → 350 m		| : 100
1 % → ______		| · 5
22 % → ______		| · 22

Biancas Rechnung:

100 % → 350 m		| : 5
20 % → ______		| : 10
2 % → ______		
22 % = ______		

Bianca nutzt die bequemen Prozentsätze auch bei der folgenden Berechnung des Prozentsatzes.
Die Aufgabe lautet: Wie viel Prozent sind 3 kg von 120 kg ?

3 kg · 40 = 120 kg

Also sind 3 kg $\frac{1}{40}$ von 120 kg. Das sind 2,5 %,

denn 2,5 % · 40 = 100 %.

Eine weitere Rechenmöglichkeit: 3 : 120 = 0,025 → 2,5 %

Berechne den Prozentwert geschickt mit dem Dreisatz und nutze bequeme Prozentsätze.

a) 7,5 % von 480 €

____

____

____

b) 125 % von 450 mg

____

____

____

Von den 60 Seiten des Übungsheftes hat Tamara 24 Seiten durchgearbeitet. Wie viel Prozent hat sie geschafft? Berechne den Prozentsatz.

Berechne geschickt den Grundwert (G = 100 %).

a) 15 % entsprechen 48 kg

b) 110 % entsprechen 6,6 l

Ergänze die Tabellen. Rechne im Kopf.

a)

Preis (€)	10,50			105	
%	2	8	80		10

b)

%	110	10	100		5
Stück	4 400			1 000	

Ingolf hat eine Computerzeitschrift abonniert, die monatlich erscheint und im Jahr 57,60 € kostet. Jetzt wird der Jahrespreis auf 112,5 % erhöht, weil monatlich eine CD mitgeliefert wird.

a) Um wie viel Prozent erhöht sich dadurch der Monatspreis?

b) Was kostet das Jahresabonnement nun?

4 Prozentrechnung anwenden

Das Datum von heute ______

Anett soll 400 g Gulasch kaufen. Die Verkäuferin fragt: „Dürfen's auch 20 g mehr sein"? Anett ist unsicher und schaut auf das Preisschild: „Gulasch heute im Angebot: 5 €/kg." Sie überlegt kurz und stimmt dann zu. Was hat sie insgesamt zu zahlen?

Krauses bauen auf ihrem Seegrundstück ein Wochenendhäuschen. Das notwendige Material kauft Herr Krause beim Baumarkt. Die gesamte Rechnung beläuft sich auf 2 980,55 €. Bei Barzahlung gibt es 2 % Rabatt. Herr Krause fragt seinen Sohn Uwe, welcher Betrag dann eingespart wird.

a) Hilf Uwe mit einer Überschlagsrechnung: ______

b) Mit dem Taschenrechner berechnet Herr Krause, wie viel er bar zu zahlen hat, und zwar so: 2 980,55 € · 0,98. Kannst du dir diesen Rechenweg erklären? Rechne nach.

c) Wie viel spart Herr Krause genau?

Lena braucht neue Turnschuhe und hat dafür 60 € zur Verfügung. Im Sportgeschäft kostete ein Paar vor 14 Tagen 75 €, der Preis wurde aber inzwischen um 15 % gesenkt. Im Einkaufszentrum außerhalb der Stadt kosteten die gleichen Schuhe nur 54 €, wurden aber mittlerweile im Preis um 10 % heraufgesetzt. Wie entscheidet sich Lena?

Auch das Umformen von Prozentsätzen in Brüche will gekonnt sein. Schreibe als Brüche.

Beispiel: 20 % von a: $a \cdot \frac{20}{100} = a \cdot \frac{1}{5} = \frac{a}{5}$

a) 10 % von a: ____________

b) 25 % von 2a: ____________

c) 120 % von a: ____________

d) 10 % von 20 % von a: ____________

e) Schreibe die Ergebnisse a) bis d) als Dezimalbrüche.

Beispiel: $\frac{a}{5} = 0{,}2a$

________ ________ ________ ________

5 Zinsen berechnen

Das Datum von heute

1 Linda, Luise und Leon haben alle drei ein Sparbuch über 400 €. Sie bekommen dafür 2 % Zinsen p. a. (pro Jahr = 360 Tage). Hier ihre Berechnungen des Zinsertrags:

Linda: Z = (400 € · 2 %) : 100 % = ___________

Luise: Z = 400 € · 0,02 = ___________

Leon: Z = 400 € : 50 = ___________

Was stellst du fest?

____

2 Berechne für die folgenden Kapitalbeträge K und Jahreszinssätze p die Zinserträge Z im Überschlag.

a) K = 880 € zu 2,5 %: _______________________

b) K = 4 200 € zu $3\frac{1}{3}$ %: _______________________

c) K = 36 000 € zu 2 % für 8 Monate:

____

d) K = 24 998 € zu 4 % für 36 Tage:

____

Mona will 800 € fest anlegen, um sich später einmal einen größeren Wunsch erfüllen zu können. Die Bank bietet ihr dafür 2,75 % Zinsen.

a) Berechne den Endbetrag (Anfangsguthaben plus Zinsen) nach zwei Jahren mit dem Taschenrechner.

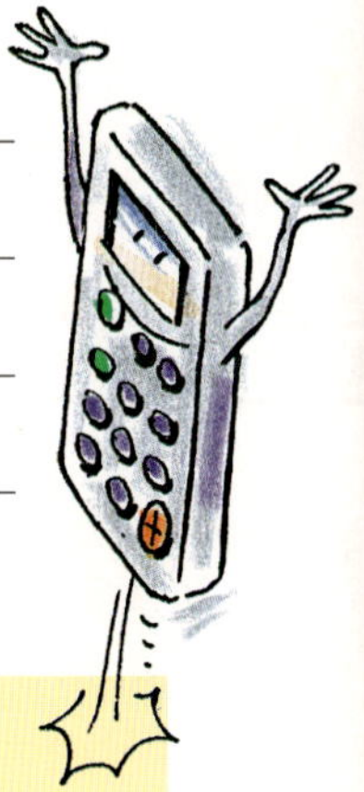

1. Jahr: Zinsbetrag: ______________________________

Endbetrag: ______________________________

2. Jahr: Zinsbetrag: ______________________________

Endbetrag: ______________________________

b) Berechne den Endbetrag nach vier Jahren Laufzeit.

Herr Wollmann will 7 500 € für fünf Jahre ertragsgünstig anlegen und kann zwischen drei Angeboten auswählen:

- Die EURO-Bank bietet ein „Wachstumssparen“ an. Das beginnt im ersten Jahr mit einem Zinssatz von 2,5 % . Dieser wird pro Jahr um 0,5 % gesteigert.
- Die Stadtsparkasse gewährt durchgehend 3,25 % p. a. und auf die Endsumme einen Bonusbetrag von 0,8 %.
- Die Online-Bank verzinst konstant mit 3,75 %.

Ermittle das günstigste Angebot.

____

6 Ausklammern

Das Datum von heute

____

Verwandle die Terme in Produkte, indem du gleiche Faktoren ausklammerst.

Beispiel: $22a - 33 = 11\,(2a - 3)$

a) $0{,}3x - 1{,}2 =$ ______________________

b) $45a^2 - 60ab + 75a =$ ______________________

c) $9s + 18t - 27 =$ ______________________

Kürze so weit wie möglich.

a) $\frac{4xy - 2x}{4y - 2} =$ ______________________

b) $(25a^2 - 35ab) : (5a - 7b) =$ ______________________

c) $\frac{a^2 + 6a + 9}{a + 3} =$ ______________________

Verwandle jeweils in ein Produkt.

a) $9a^2 + 30a + 25 =$ ______________________

b) $1{,}44x^2 - 2{,}4\,xy + y^2 =$ ______________________

c) $d^2 - 0{,}64\,e^2 =$ ______________________

Hier wurden die binomischen Formeln angewendet – doch es fehlten Teile.
Hendrick hat sie ergänzt, aber nicht immer richtig.
Ergänze (f) für falsch und (r) für richtig und korrigiere.

a) $64c^2 \mathbf{- 16cd} + d^2$ ( )

b) $1{,}44f^2 + 4{,}8f \mathbf{+ 4}$ ( )

c) $121b^2 \mathbf{- 81c^2} = (11b + 3c)(11b - 3c)$ ( )

d) Auch bei diesen quadratischen Ergänzungen wurde ergänzt.
Richtig oder falsch?

$49 - 70c + 24c^2 = (7 - 5c)^2 \mathbf{+ c^2}$ ( )

$x^2 - 5x + 3 = (x - 2{,}5)^2 \mathbf{- 3{,}25}$ ( )

Nutze Rechenvorteile.

Tanja rechnet: $480 : 25 = (480 : 100) \cdot 4$
$= 4{,}80 \cdot 4 = 19{,}20$

a) Gib eine Erklärung für diesen Rechenvorteil.

____

Rechne ebenso:

$6\,200 : 25 =$ ______________________________

$32{,}5 : 25 =$ ______________________________

b) $37 \cdot 43 = (40 - 3)\,(40 + 3) = 1\,600 - 9 = 1\,591$

Rechne ebenso:

$99 \cdot 101 =$ ______________________________

$45 \cdot 55 =$ ______________________________

7 Terme

Das Datum von heute

____

Addiere zeilen- und spaltenweise. Kontrolliere dich selbst.

Zahlenbeispiel:

3	6	9
11	15	26
14	21	35

			Summe:
	$a - b$	$2a + b$	
	$a + 3b$	$-a - 2b$	
Summe:			

Folge den Pfeilen und führe die vorgegebenen Rechnungen aus. Überprüfe deine Ergebnisse anschließend, indem du für x einen Wert einsetzt.

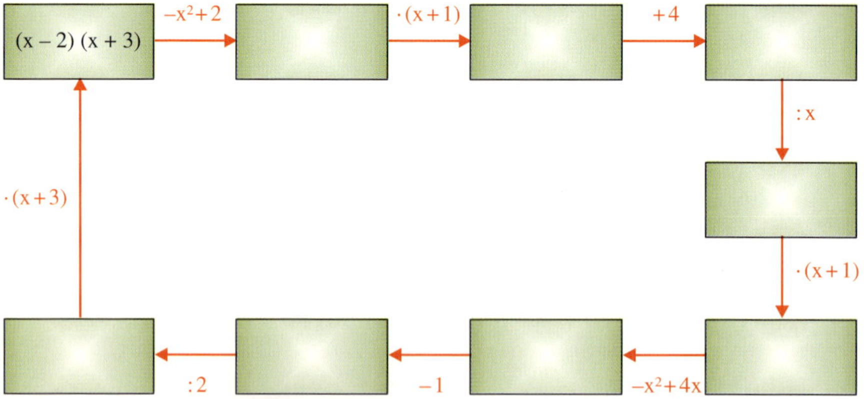

Gib jeweils einen vereinfachten Term für den Umfang u der skizzierten Dreiecke und des Vierecks an.

a)

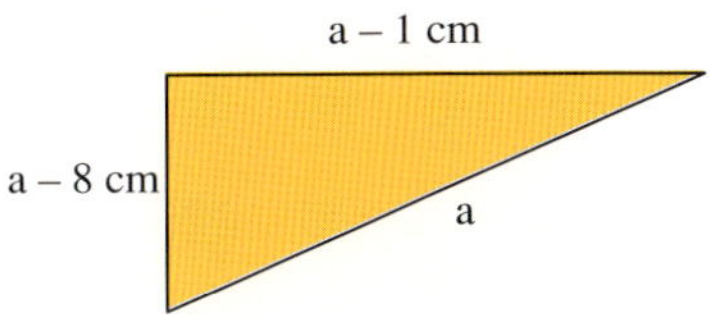

b)

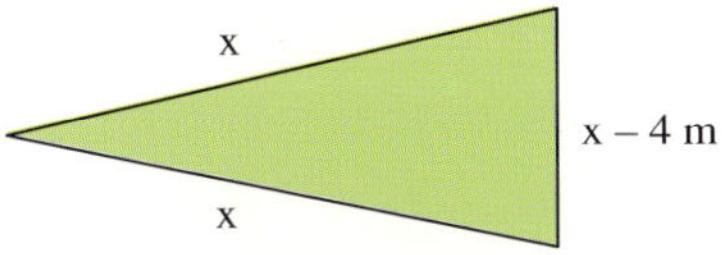

c)

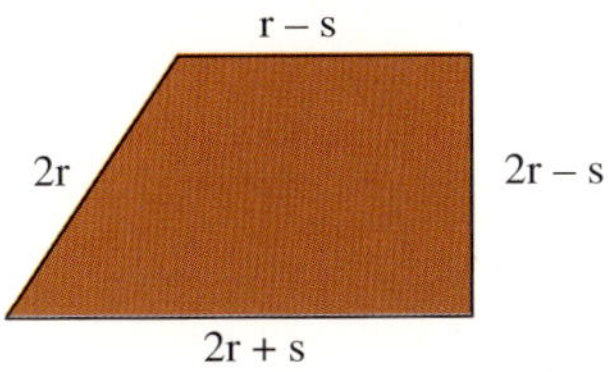

d) Berechne den Umfang u und den Flächeninhalt A des Vierecks aus c) für r = 4,8 m und s = 1,6 m.

8 Termwerte berechnen

Das Datum von heute

____

Berechne den jeweiligen Termwert für $a = \sqrt{5}$ und $b = -2$.

a) $(a - 2b)^2 - (2b - a)^2 =$ ______________________

____

b) $(9a - 11b)(9a + 11b) + 121b^2 =$ ______________________

____

c) $(6a^2 + 60ab + 150b^2) : (a + 5b)^2 =$ ______________________

____

d) $(6a + 7b)^2 - (84ab - b^2) =$ ______________________

____

Zur Kontrolle: In dieser Tabelle findest du die richtigen Termwerte der Aufgaben a) bis d). Schreibe die passende Aufgabenbezeichnung unter den entsprechenden Wert.

6	0,5	380	12	405	0

Berechne den Flächeninhalt mit Hilfe einer allgemeinen Formel.

a) Gib für diese beiden Figuren zunächst eine allgemeine Formel zur Berechnung der Flächeninhalte A an. Vereinfache so weit wie möglich.

Figur 1

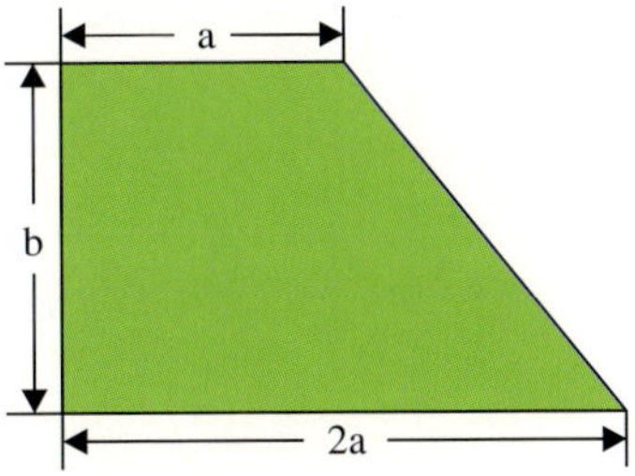

Figur 2

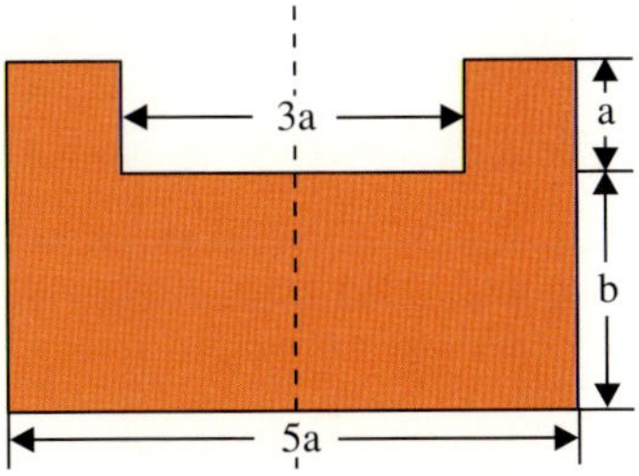

b) Ergänze nun für die zweite Figur diese Tabelle.

a	40 mm	24 cm	0,8 m	1,2 mm
b	15 mm	15 cm	55 cm	2,4 mm
A				

Für welche Werte von a sind die Terme nicht definiert?

a) $\frac{1}{a - 0{,}2}$ **b)** $\frac{2a + 1}{4a - b}$ **c)** $10 : (a^2 - 4)$

9 Einfache Gleichungen

Das Datum von heute

Löse die Gleichungen. Überprüfe dein Ergebnis.

a) $2\,000x - 15 = -1\,000x - 6\,015$ Probe:

b) $0{,}01 - 0{,}11x = -\,0{,}02 - 0{,}1x$ Probe:

c) $2(x + 3) - 4(x - 1) = -3(2x + 4)$ Probe:

Berechne x. Überprüfe dein Ergebnis im Kopf.

a) $(x - 2)^2 - 5 = (x + 1)^2 + 4$

b) $(2x + 3)(x - 1) = (x + 1)(2x + 1)$

Löse diese Gleichung zuerst nach u und dann nach v auf.

$2u - 3v + 5u - 4v = 14$

u = ____________

v = ____________

Löse diese Verhältnisgleichungen.

a) $\frac{3}{8} = \frac{x}{24}$

b) $12 : x = 2 : 11$

c) $(x - 1) : 3 = x : 6$

d) $\frac{x-1}{3} + \frac{x-2}{4} - \frac{x-3}{6} = \frac{1}{12}$

Diese Tabelle enthält die richtigen Lösungszahlen. Ergänze die passende Aufgabenbezeichnung a) bis d).

1	9	67	66	0,5	2

10 Bruchgleichungen

Das Datum von heute

Löse diese Gleichungen und überprüfe deine Ergebnisse.

a) $\frac{2x + 3}{8x + 5} = 2$; ($x \neq -0{,}625$)

Probe:

b) $(x - 2) : (x + 3) = (x - 4) : (x - 3)$; ($x \neq -3$; $x \neq 3$)

c) $\frac{3x + 6}{2x - 4} = \frac{3}{2}$

Übersetze in eine Gleichung und löse sie:
Wird die Summe aus einer Zahl und 2 durch das Doppelte dieser Zahl ($\neq 0$) dividiert, so erhält man als Ergebnis –2. Wie lautet diese Zahl?

Wende dein Wissen über das Umformen von Gleichungen beim Umstellen von Formeln an.

a) Die Formel für das Prozentrechnen lautet:
$p\,\% : 100\,\% = W : G$

Stelle die Formel nach W um:

Stelle die Formel nach G um:

b) Die Formel zur Berechnung des Volumens von Pyramiden lautet:

$$V = \frac{1}{3} G \cdot h$$

Löse nach h auf: ______________________________

c) Die Gleichung zur Berechnung des Flächeninhaltes von Trapezen lautet:

$$A = \frac{a + c}{2} \cdot h$$

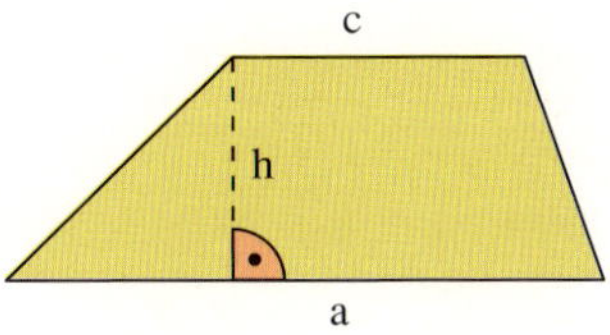

Löse zuerst nach h und dann nach c auf:

____

____

11 Textgleichungen

Das Datum von heute

Denk an die Schrittfolge: Text genau lesen – Variable festlegen – Gleichung aufstellen – Gleichung lösen – Ergebnis überprüfen – Antwort formulieren.

Der Radius r eines Kreises wird um 0,5 cm verlängert. Der neue Kreisumfang u beträgt nun $8 \cdot \pi$ cm. Wie groß war der Radius des ursprünglichen Kreises? Berechne. (Kreisumfang: $u = 2 \cdot \pi \cdot r$)

In einem rechtwinkligen Dreieck (rechter Winkel bei γ) ist die Kathete a um 9 cm kürzer als die Hypotenuse c und 7 cm kürzer als die andere Kathete b. Der Umfang des Dreiecks beträgt 40 cm. Berechne den Flächeninhalt des Dreiecks.

Zwei Lkws sind auf gleicher Strecke im Einsatz und transportieren mit jeweils 16 Touren insgesamt 232 t Kies zu einer Großbaustelle. Die Ladefähigkeit beider Lkws unterscheidet sich um 1,5 t. Wie viel Tonnen kann der große Lkw laden?

Kira hat vier CDs mehr als Anne und drei weniger als Linda. Wie viele CDs besitzen die drei Mädchen jeweils, wenn ihnen insgesamt 44 CDs gehören?

Zwei nahezu quadratische Gartengrundstücke, die sich in ihrer Seitenlänge um 2 m unterscheiden, haben insgesamt einen Umfang von 124 m. Berechne den Flächeninhalt beider Gärten in Ar (a). Runde erst zum Schluss.

12 Ungleichungen

Das Datum von heute

Andreas ist größer als Frank, aber kleiner als Fred. Frank ist 168 cm groß und Fred 1,72 m. Wie groß kann Andreas sein?

Auf einem Fruchtmilchbecher steht die Angabe: Inhalt 125 g ± 5 g. Wie viel Gramm Fruchtmilch kann der Becher enthalten?

Für eine natürliche Zahl n gilt: $234 < n < 240$. Nenne alle Zahlen, für die diese Aussage wahr ist.

Löse die Ungleichungen und notiere die Lösungsmenge.

a) $3x - 7 < x + 3$; x sei eine natürliche Zahl

b) $\frac{x-2}{5} > 5x - 6$; x sei eine ganze Zahl > -2

c) $2(x-2)-3(2x-5)>0$; x sei eine ganze Zahl

Löse diese Ungleichungen und stelle die Lösungen auf Zahlengeraden dar.

a) $4x-0{,}5<3{,}5x+0{,}5$; x sei eine positive rationale Zahl

b) $3x+1>7x-4$; x sei eine rationale Zahl

Ein Quadrat hat einen Flächeninhalt A, für den gilt: $24{,}8\ cm^2 < A < 25{,}2\ cm^2$.
Nenne drei verschiedene Seitenlängen a, die diese Bedingung erfüllen.

a_1 = ____________________

a_2 = ____________________

a_3 = ____________________

13 Lineare Gleichungen mit zwei Variablen

Das Datum von heute

Mike soll das Befüllen des Gartenpools beaufsichtigen. Etwas Wasser ist schon eingelaufen. Von nun an steigt der Pegel alle Viertelstunden um 2,5 cm.

a) Stelle den Vorgang im Koordinatensystem grafisch dar.

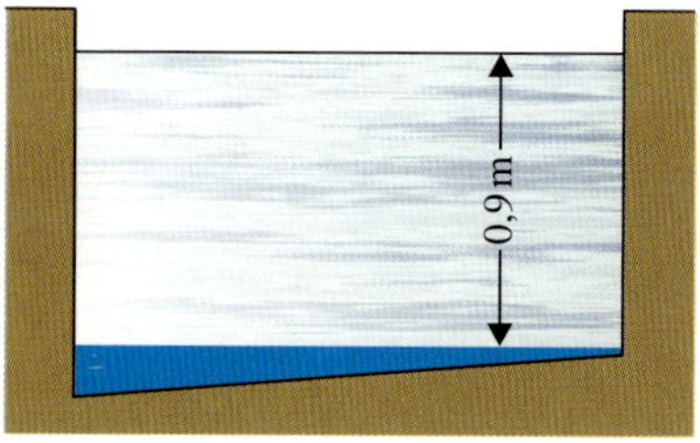

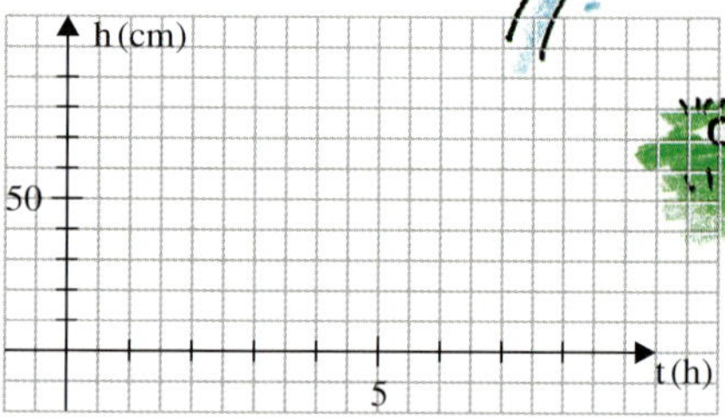

b) Mike soll dabeibleiben, bis das Wasser um 90 cm gestiegen ist. Wie lange muss er ausharren?

An einem sonnigen Wintertag steigt die Lufttemperatur stündlich um 0,5 °C. Um 6 Uhr zeigt das Thermometer – 4 °C. Ermittle folgende Werte grafisch anhand des Koordinatensystems:

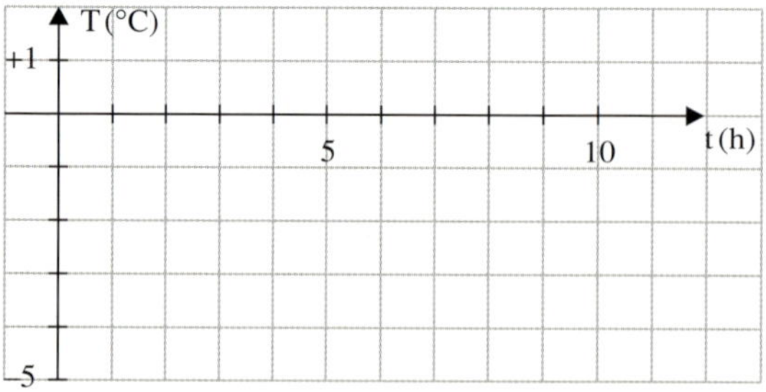

a) Zu welcher Zeit etwa wird der Gefrierpunkt erreicht? ____________

b) Ab 15 Uhr fällt die Temperatur wieder.
Wie viel Grad sind zu diesem Zeitpunkt erreicht? ____________

Ein Viereck wird durch die vier Geraden g_1 bis g_4 begrenzt.

g_1: $y = -0{,}5x - 2$ g_2: $y = -0{,}5x + 1$ g_3: $y = 0{,}5x - 2$ g_4: $y = 0{,}5x + 2$

a) Ermittle die Koordinaten der vier Eckpunkte.

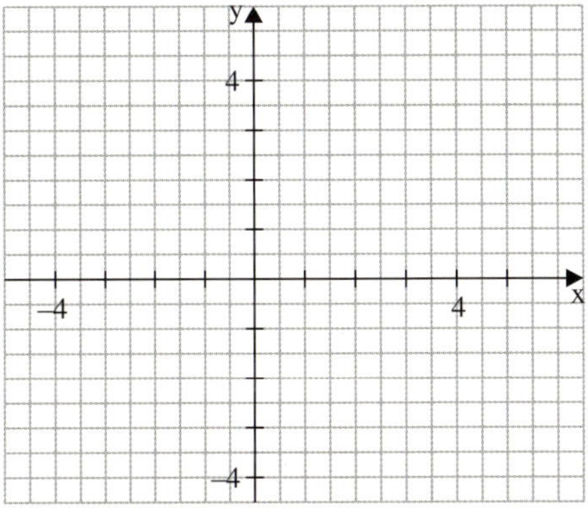

b) Um welches spezielle Viereck handelt es sich? Begründe.

____

____

c) Berechne den Flächeninhalt A des Vierecks, wenn eine Koordinateneinheit 1 cm entspricht.

14 Gleichungen und ihre Geraden

Das Datum von heute

____

Diese grafische Darstellung zeigt den Fahrplan zweier Züge. Beantworte anhand dieser Darstellung die folgenden Fragen:

a) Wann fährt der G 2503 am Hauptbahnhof ab? ______________

b) Mit welcher Durchschnittsgeschwindigkeit fährt er? ______________

c) Was passiert an der Station B? ______________

d) Wann kommt der IC 2117 in C an? ______________

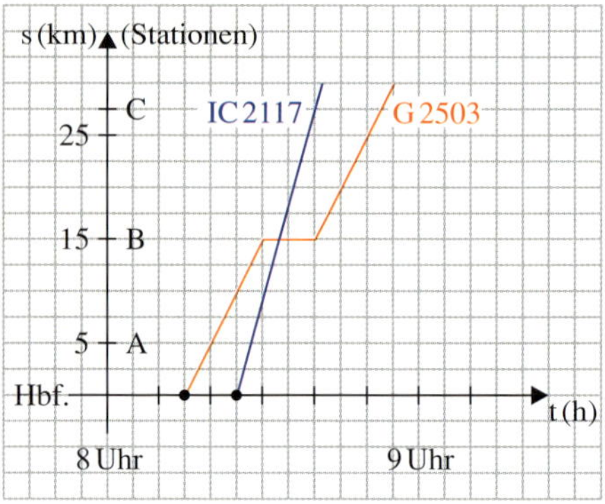

Jennys großer Bruder arbeitet in den Ferien nachts in einer Tankstelle, was mitunter recht langweilig ist. Da er Jenny auch Nachhilfe in Mathe gibt, zeichnet er für sie die auf Seite 33 oben abgebildete Grafik zum Tageskurs des Benzin-Preises. Am nächsten Tag möchte er von ihr wissen:

a) Was kostete gestern 1 l Benzin? ______________

b) Was kosten 50 l Benzin, wenn der Preis heute um 1 ct/l steigt?

____

LÖSUNGEN

1

a) 4 Bund → 96 ct | : 4
1 Bund → 24 ct | · 5
5 Bund → 120 ct [3]
b) 4 Bund → 96 ct
2 Bund → 48 ct
6 Bund → 144 ct [3]
Antworten:
a) Fünf Bund kosten 1,20 €. [1]
b) Sechs Bund kosten 1,44 €. [1]

15 kg → 69 € | : 3
5 kg → 23 €
25 kg → 115 €

Antwort: 25 kg Farbe kosten 115 €. [4]

6 Brötchen → 270 ct
3 Brötchen → 135 ct
9 Brötchen → 405 ct

Antwort: Nein, es fehlen 5 ct. [4]

[8]

150 g	50 g	200 g	500 g	250 g
2,55 €	0,85 €	3,40 €	8,50 €	4,25 €

9 km → 150 min
3 km → 50 min
6 km → 100 min

Antworten:
a) In 50 Minuten schaffte die Gruppe 3 km. [4]
b) Für 6 km brauchte sie 100 Minuten. [2]

2

240 km/h → 3 h
120 km/h → 6 h
90 km/h → 8 h
80 km/h → 9 h
72 km/h → 10 h
60 km/h → 12 h
30 km/h → 24 h
15 km/h → 48 h
12 km/h → 60 h
6 km/h → 120 h [9]

a) Er braucht 100 Minuten. [2]
b) $30 \cdot 45\ \text{Fl} + x \cdot 90\ \text{Fl} = 4\,500\ \text{Fl}$
$90 \cdot x = 3\,150$
$x = 35$
Es dauert insgesamt 65 Minuten. [4]

$v_S = 10$ km/min
$v_L = 450$ km/60 min $= 7{,}5$ km/min
Der Flug dauert nun 200 km : 7,5 $\frac{\text{km}}{\text{min}} \approx$ 27 Minuten. [6]

a) Alte Maschine:
15 min + 12 · 5 min = 75 min
Neue Maschine:
40 min + 4 · 10 min = 80 min [2]
b) x = gleiche Stückzahl
Alte Maschine: 24 St./10 min
Neue Maschine: 36 St./10 min

$$15 + \frac{10x}{24} = 40 + \frac{10x}{36}$$
$$\frac{10x}{72} = 25$$
$$10x = 1800$$
$$x = 180$$

Der Einsatz der neuen Maschine lohnt sich ab 180 Stück. [7]

3

Berts Rechnung:
100 % → 350 m
1 % → 3,5 m
22 % → 77 m

Biancas Rechnung:
100 % → 350 m
20 % → 70 m
2 % → 7 m

22 % = 77 m [4]

a) 480 € → 100 %
12 € → 2,5 %
36 € → 7,5 % [3]
b) 100 % → 450 mg
25 % → 112,5 mg
125 % → 562,5 mg [3]

$\frac{24}{60} = \frac{4}{10} \rightarrow 40\ \%$

Tamara hat 40 % geschafft. [2]

a) 15 % ≙ 48 kg
5 % ≙ 16 kg
100 % ≙ 320 kg [3]
b) 110 % ≙ 6,6 l
10 % ≙ 0,6 l
100 % ≙ 6 l [3]

[4]

a)

Preis (€)	10,50	42	420	105	52,5
%	2	8	80	20	10

[4]

b)

%	110	10	100	25	5
Stück	4 400	400	4 000	1 000	200

a) Der Monatspreis erhöht sich um 12,5 %. [1]
b) 57,60 € ≙ 100 %
7,20 € ≙ 12,5 %
Das Jahresabonnement kostet nun 64,80 €. [3]

4

1000 g → 500 ct
200 g → 100 ct
20 g → 10 ct
400 g → 200 ct
Anett muss 2,10 € zahlen. [6]

a) 3 000 € : 50 = 60 €
Herr Krause spart ungefähr 60 €. [2]
b) Herr Krause muss 98 % zahlen.
$W = \frac{G \cdot p\%}{100\%}$ = 2 920,94 € [2]
c) Er spart genau 59,61 €. [2]

75 € · 0,85 = 63,75 €
54 € · 1,1 = 59,40 €
Lena kauft die Schuhe im Einkaufszentrum. [6]

a) $\frac{a}{10}$ **b)** $\frac{a}{2}$ **c)** $\frac{6}{5}a$ **d)** $\frac{a}{10} \cdot \frac{1}{5} = \frac{a}{50}$
e) 0,1a 0,5a 1,2a 0,02a [12]

5

Linda: Z = (400 € · 2 %) : 100 % = 8 €
Luise: Z = 400 € · 0,02 = 8 €
Leon: Z = 400 € : 50 = 8 €
Gleiche Ergebnisse; die zweite und dritte Rechnung sind kürzer. [4]

a) Z = 880 € : 40 = 22 € [2]
b) Z = 4 200 € : 30 € = 140 € [2]
c) Z = (36 000 € : 50) · $\frac{2}{3}$ = 720 € · $\frac{2}{3}$
= 480 € [3]
d) Z ≈ (25 000 € : 25) · $\frac{1}{10}$ ≈ 100 € [3]

a) 1. Jahr: Zinsbetrag: 22 €;
Endbetrag: 822 €
2. Jahr: Zinsbetrag: 822 € · 0,0275
= 22,61 €; Endbetrag: 844,61 € [4]
b) nach drei Jahren: 844,61 € · 1,0275
= 867,83 €
nach vier Jahren: 867,83 € · 1,0275
= 891,70 € [4]

EURO-Bank:
7 500 € · 1,025 · 1,03 · 1,035 · 1,04 · 1,045
= 8 906,61 €
Stadtsparkasse:
7 500 € · $1{,}0325^5$ + 0,008 · (7 500 € · $1{,}0325^5$) = 8 800,59 € + 0,008 · 8 800,59 €
= 8 870,99 €
Online-Bank:
7 500 € · $1{,}0375^5$ = 9 015,75 €

Das günstigste Angebot kommt von der Online-Bank. [8]

6

a) $0{,}3x - 1{,}2 = 0{,}3(x - 4)$ [2]
b) $45a^2 - 60ab + 75a = 15a(3a - 4b + 5)$ [2]
c) $9s + 18t - 27 = 9(s + 2t - 3)$ [2]

a) $\frac{4xy - 2x}{4y - 2} = \frac{x(4y - 2)}{4y - 2} = x$ [3]
b) $(25a^2 - 35ab) : (5a - 7b)$
$= \frac{5a(5a - 7b)}{5a - 7b} = 5a$ [3]
c) $\frac{a^2 + 6a + 9}{a + 3} = \frac{(a + 3)^2}{a + 3} = a + 3$ [3]

a) $9a^2 + 30a + 25 = (3a + 5)^2$ [1]
b) $1{,}44x^2 - 2{,}4\,xy + y^2 = (1{,}2x - y)^2$ [2]
c) $d^2 - 0{,}64\,e^2 = (d + 0{,}8\,e)(d - 0{,}8e)$ [2]

a) $64c^2 - 16cd + d^2 = (8c - d)^2$ (r)
b) $1{,}44f^2 + 4{,}8f + 4 = (1{,}2f + 2)^2$ (r)
c) $121b^2 - \mathbf{9}c^2 = (11b + 3c)(11b - 3c)$ (f)
d) $49 - 70c + 24c^2 = (7 - 5c)^2 - \mathbf{c}^2$ (f)
$x^2 - 5x + 3 = (x - 2{,}5)^2 - 3{,}25$ (r)
[5]

a) $\frac{480}{100} \cdot 4 = \frac{480 \cdot 1}{25 \cdot 1}$

Durch Ausklammern wird die Rechnung vereinfacht.

6 200 : 25 = 62 · 4 = 248
32,5 : 25 = 0,325 · 4 = 1,3 [3]

b) $99 \cdot 101 = (100 - 1)(100 + 1)$
$= 10\,000 - 1 = 9\,999$
$45 \cdot 55 = (50 - 5) \cdot (50 + 5)$
$= 2\,500 - 25 = 2\,475$ [2]

7

[5]

			Summe:
	a – b	2a + b	3a
	a + 3b	–a – 2b	b
Summe:	2a + 2b	a – b	3a + b

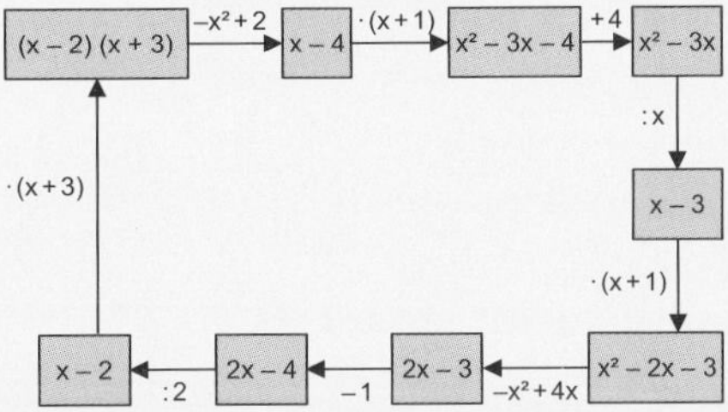

[13]

a) $u = 3a - 9$ cm [2]
b) $u = 3x - 4$ m [2]
c) $u = 7r - s$ [2]
d) $u = 32$ m [2]

$A = \frac{3{,}2\,m + 11{,}2\,m}{2} \cdot 8\,m = 57{,}6\,m^2$ [4]

8

a) $(a - 2b)^2 - (2b - a)^2$
$= a^2 - 4ab + 4b^2 - 4b^2 + 4ab - a^2 = 0$
[3]
b) $(9a - 11b)(9a + 11b) + 121b^2$
$= 81a^2 + 99ab - 99ab - 121b^2 + 121b^2$
$= 81a^2 = 405$ [3]
c) $(6a^2 + 60ab + 150b^2) : (a + 5b)^2$
$= 6(a + 5b)^2 : (a + 5b)^2 = 6$ [3]

d) $(6a + 7b)^2 - (84ab - b^2)$
$= 36a^2 + 84ab + 49b^2 - 84ab + b^2$
$= 36a^2 + 50b^2 = 180 + 200 = 380$ [3]

6	0,5	380	12	405	0
c)	–	d)	–	b)	a)

☆☆ **a)** Figur 1: $A = \frac{a + 2a}{2} \cdot b = 1{,}5a \cdot b$

Figur 2: $A = 5a \cdot (a + b) - 3a^2$
$= 2a^2 + 5ab$
$= a(2a + 5b)$ [7]

b) A: 6 200 mm^2; 2 952 cm^2; 3,48 m^2; 17,28 mm^2 [8]

☆☆☆ **a)** $a = 0{,}2$ **b)** $b = 4a$ **c)** $a_1 = 2$; $a_2 = -2$ [3]

9

☆ **a)** $2\,000x - 15 = -1\,000x - 6\,015 \quad | + 1\,000x \quad | + 15$
$3\,000x = -6\,000$
$x = -2$
Probe:
$-4\,000 - 15 = 2\,000 - 6\,015$
$-4\,015 = -4\,015$ [4]

b) $0{,}01 - 0{,}11x = -0{,}02 - 0{,}1x \quad | \cdot 100$
$1 - 11x = -2 - 10x$
$x = 3$
Probe:
$0{,}01 - 0{,}33 = -0{,}02 - 0{,}3$
$-0{,}32 = -0{,}32$ [4]

c) $2(x + 3) - 4(x - 1) = -3(2x + 4)$
$2x + 6 - 4x + 4 = -6x - 12$
$4x = -22$
$x = -5{,}5$
Probe:
$2 \cdot (-2{,}5) - 4(-6{,}5) = -3 \cdot (-7)$
$-5 + 26 = 21$
$21 = 21$ [4]

☆☆ **a)** $(x - 2)^2 - 5 = (x + 1)^2 + 4$
$x^2 - 4x + 4 - 5 = x^2 + 2x + 5$
$-6x = 6$
$x = -1$

Probe: $9 - 5 = 4$
$4 = 4$ [4]

b) $(2x + 3)(x - 1) = (x + 1)(2x + 1)$
$2x^2 + x - 3 = 2x^2 + 3x + 1$
$2x = -4$
$x = -2$

Probe: $(-1)(-3) = (-1)(-3)$
$3 = 3$ [4]

☆☆☆ $2u - 3v + 5u - 4v = 14$
$7u - 7v = 14$
$u - v = 2$
$u = 2 + v$
$v = u - 2$ [4]

☆☆☆☆ **a)** $x = 9$ **b)** $x = 66$ **c)** $6x - 6 = 3x$
$x = 2$

d) $4x - 4 + 3x - 6 - 2x + 6 = 1$
$5x = 5$
$x = 1$ [6]

1	9	67	66	0,5	2
d)	a)	–	b)	–	c)

10

☆ **a)** $\frac{2x + 3}{8x + 5} = 2$; $(x \neq -0{,}625)$

$2x + 3 = 16x + 10$
$-7 = 14x$
$x = -0{,}5$

Probe: $\frac{2}{1} = 2$ [4]

b) $(x-2):(x+3) = (x-4):(x-3)$; $(x \neq -3;\ x \neq 3)$

$$(x-2)(x-3) = (x+3)(x-4)$$
$$x^2 - 5x + 6 = x^2 - x - 12$$
$$-4x = -18$$
$$x = 4{,}5$$

Probe: $\frac{2{,}5}{7{,}5} = \frac{0{,}5}{1{,}5}$

$\frac{1}{3} = \frac{1}{3}$ [5]

c) Keine Lösung möglich. [3]

☆☆ $\frac{x+2}{2x} = -2$

$$x + 2 = -4x$$
$$5x = -2$$
$$x = -0{,}4$$

Die Zahl lautet – 0,4. [6]

☆☆☆ **a)** $W = \frac{p\,\% \cdot G}{100\,\%}$ $G = \frac{W \cdot 100\,\%}{p\,\%}$ [4]

b) $h = \frac{3V}{G}$ [2]

c) $h = \frac{2A}{a+c}$; $a + c = \frac{2A}{h}$ $c = \frac{2A}{h} - a$ [6]

11

☆ $(r + 0{,}5\text{ cm}) \cdot 2\pi = 8\pi\text{ cm} \quad | : 2\pi$

$$r + 0{,}5\text{ cm} = 4\text{ cm}$$
$$r = 3{,}5\text{ cm}$$

Der ursprüngliche Radius betrug 3,5 cm.
Probe: $2\pi \cdot 4\text{ cm} = 8\pi\text{ cm}$ [6]

☆☆

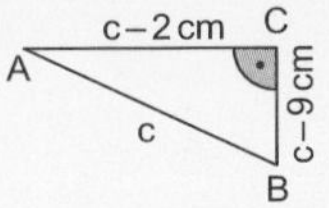

$$3c - 11\text{ cm} = 40\text{ cm}$$
$$3c = 51\text{ cm}$$
$$c = 17\text{ cm}$$
$$a = 8\text{ cm};\ b = 15\text{ cm}$$
$$A = \frac{8\text{ cm} \cdot 15\text{ cm}}{2} = 60\text{ cm}^2 \quad [8]$$

Der Flächeninhalt beträgt 60 cm².

☆☆☆ Ladefähigkeit des großen Lkws: x
Ladefähigkeit des kleinen Lkws: x – 1,5 t

$$16 \cdot (2x - 1{,}5\text{ t}) = 232\text{ t}$$
$$2x - 1{,}5\text{ t} = 14{,}5\text{ t}$$
$$2x = 16\text{ t}$$
$$x = 8\text{ t}$$

Der große Lkw kann 8 t laden. [5]

☆☆☆

Kira:	x	$3x - 1 = 44$	Probe: 15
Anne:	x – 4	$x = 15$	+ 11
Linda:	x + 3		+ 18
			44

Kira besitzt 15, Anne 11 und Linda 18 CDs. [5]

☆☆☆ Seitenlänge des kleinen Quadrats: x

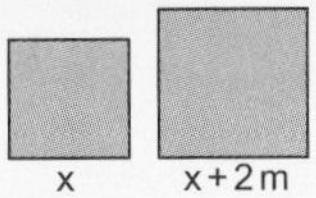

$$4x + 4x + 8\text{ m} = 124\text{ m}$$
$$8x = 116\text{ m}$$
$$x = 14{,}5\text{ m}$$

$A_1 = x^2 = 210\text{ m}^2 = 2{,}1\text{ a}$
$A_2 = (x + 2\text{ m})^2 = 272\text{ m}^2 \approx 2{,}7\text{ a}$
$A_G \approx 4{,}8\text{ a}$
Die Gesamtfläche hat eine Größe von 4,8 a. [6]

12

☆ 168 cm < Andreas < 172 cm
Andreas kann 169 cm, 170 cm oder 171 cm groß sein. [2]

☆☆ $120\text{ g} \leq \text{Inhalt} \leq 130\text{ g}$ [1]

☆☆☆ 235; 236; 237; 238; 239 [2]

☆☆☆ **a)** $3x - 7 < x + 3$;
x sei eine natürliche Zahl

$$2x < 10$$
$$x < 5 \quad L = \{0;\ 1;\ 2;\ 3;\ 4\}$$ [4]

(Wenn ihr im Mathematikunterricht die Null nicht zu den natürlichen Zahlen zählt, dann lass sie auch hier weg. Die Mathematiker sind sich in dieser Frage nicht ganz einig.)

b) $\frac{x-2}{5} > 5x - 6;$ x sei eine ganze Zahl > –2

$x - 2 > 25x - 30$

$28 > 24x$

$x < \frac{7}{6}$ $\quad L = \{-1; 0; 1\}$ [4]

c) $2(x - 2) - 3(2x - 5) > 0;$ x sei eine ganze Zahl

$-4x + 11 > 0$

$x < \frac{11}{4}$

$L = \{\ldots; -2; -1; 0; 1; 2\}$ [4]

a) $4x - 0{,}5 < 3{,}5x + 0{,}5;$ x sei eine positive rationale Zahl

$0{,}5x < 1$

$x < 2$

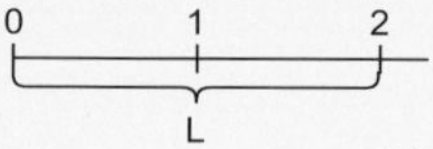

[5]

b) $3x + 1 > 7x - 4;$ x sei eine rationale Zahl

$4x < 5$

$x < \frac{5}{4}$

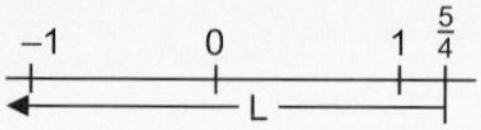

[5]

$4{,}98 \text{ cm} < a < 5{,}02 \text{ cm}$

Z. B. $a_1 = 4{,}99$ cm

$a_2 = 5{,}0$ cm

$a_3 = 5{,}01$ cm [3]

13

a)

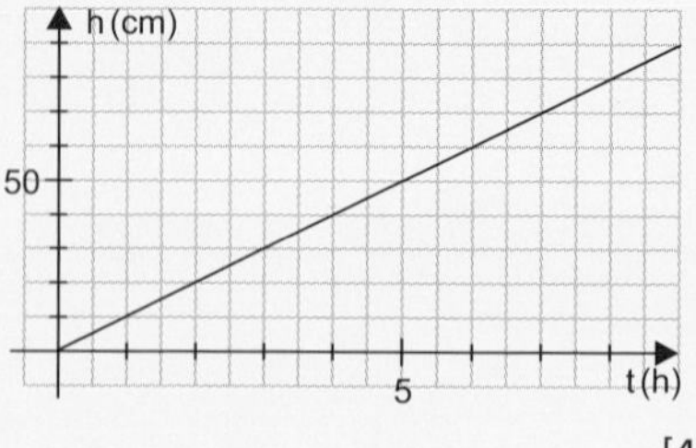

[4]

b) 90 cm: 10 cm/h = 9 h
Nach 9 Stunden ist der Pool gefüllt. [3]

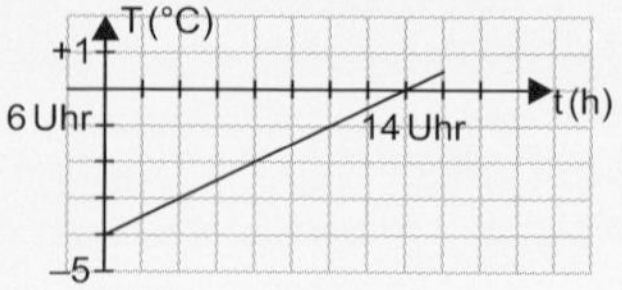

a) 14 Uhr **b)** + 0,5 °C [7]

a)

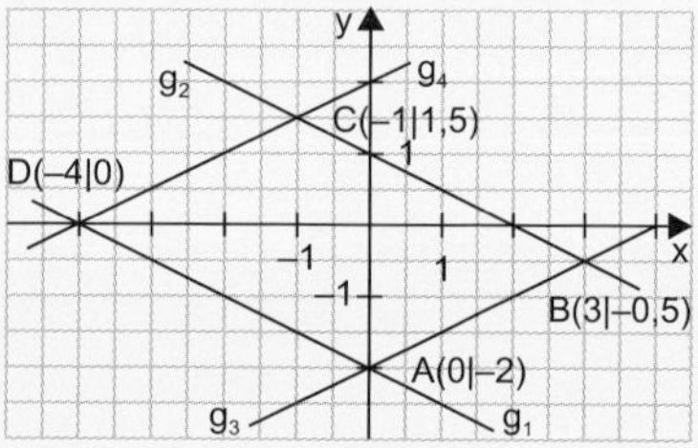

[8]

b) Parallelogramm;
$g_1 \parallel g_2 \rightarrow m_1 = m_2$; $g_3 \parallel g_4 \rightarrow m_3 = m_4$ [3]

c) $A = 7 \text{ cm} \cdot 3{,}5 \text{ cm} - 3 \text{ cm} \cdot 1{,}5 \text{ cm} \cdot \frac{1}{2} - 4 \text{ cm} \cdot 2 \text{ cm} \cdot \frac{1}{2} - 4 \text{ cm} \cdot 2 \text{ cm} \cdot \frac{1}{2} - 3 \text{ cm} \cdot 1{,}5 \text{ cm} \cdot \frac{1}{2} = 12 \text{ cm}^2$ [5]

14

a) 8.15 Uhr [1]
b) 15 km : 15 min = 60 km/h [4]
c) G 2503 hat 10 min Aufenthalt. [1]
d) Kurz vor 8.40 Uhr [1]

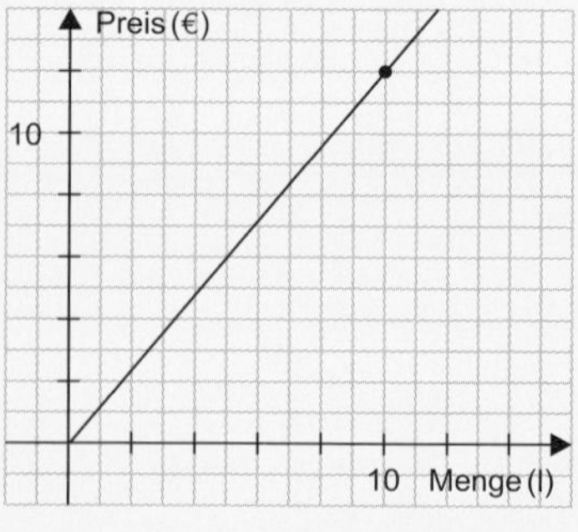

a) 10 l → ≈ 12,00 €
1 l → 1,20 €
Gestern kostete 1 l Benzin 1,20 €. [4]

b) 1,21 € · 50 = 60,50 €
Dann kosten 50 l genau 60,50 €. [3]

a) f_1: $y = 1{,}5x + 3$ f_2: $y = -\frac{1}{4}x + 1$

f_3: $y = x - 2$ f_4: $y = -x + 1$ [12]

b) nein; $m_1 \neq m_3$ [2]

c) ja; $m_3 = -\frac{1}{m_4}$; $1 = \frac{-1}{-1}$ [2]

15

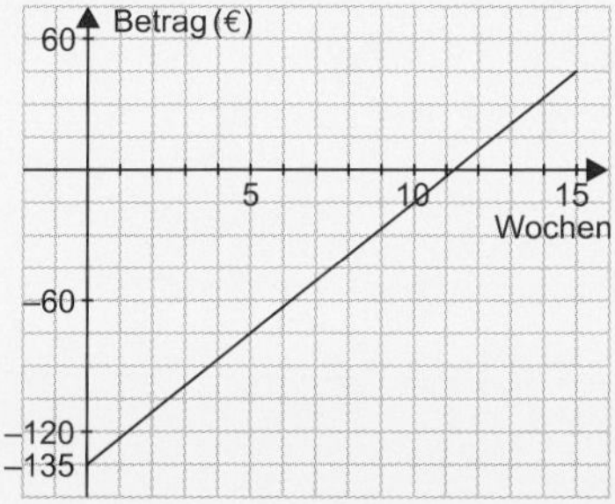

a) In der 12. Woche ist Tom schuldenfrei. [4]

b) $\underbrace{235\text{ €}}_{135\text{ €} + 100\text{ €}}$: 12 €/Wo = 19,6 Wo
In der 20. Woche hat Tom 100 € angespart. [4]

a) $0 = 0{,}75 \cdot t - 12$ $t = 16$
Nach16 Minuten sind 0 °C erreicht. [3]

b) $T = 0{,}75 \cdot 10 - 12$ $T = -4{,}5$
Nach 10 Minuten beträgt die Temperatur – 4,5 °C. [3]

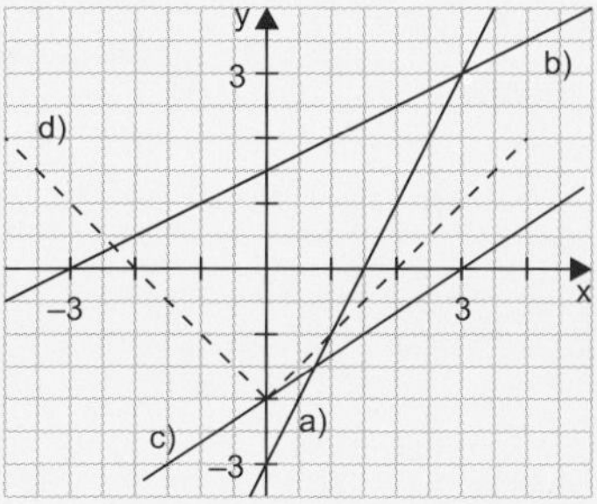

[8]

a) $y = 2x - 3$
$x_0 = 1{,}5$

b) $4y - 2x - 6 = 0$
$y = \frac{1}{2}x + 1{,}5$
$x_0 = -3$

c) $0{,}5x - 0{,}75y = 1{,}5$
$y = \frac{2}{3}x - 2$
$x_0 = 3$

d) $y = |x| - 2$
$x_{0/1} = +2$
$x_{0/2} = -2$

[2] [2] [2] [2]

16

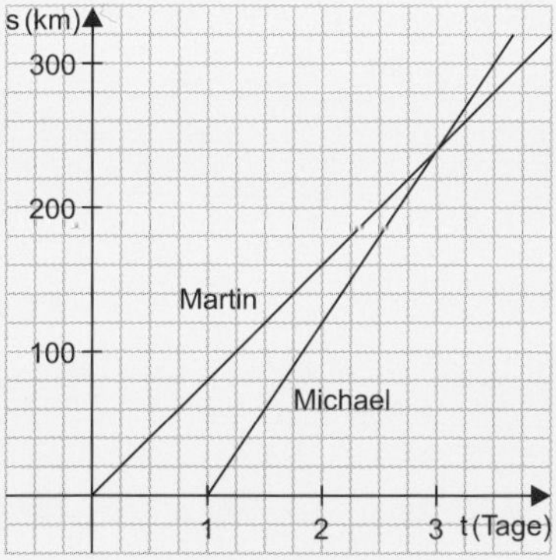

[4]

a) Martin ist schon drei Tage unterwegs. [2]

b) Sie haben bis dahin 240 km zurückgelegt. [2]

a) $y = x - 4$; $y = -2x + 2$
$x - 4 = -2x + 2$
$3x = 6$
$x_S = 2$; $y_S = -2$ [3]

b) $2y - x = -4$; $y - x = -1$
$y = \frac{x}{2} - 2 \quad y = x - 1$
$\frac{x}{2} - 2 = x - 1$
$\frac{x}{2} = -1$
$x_s = -2$; $y_s = -3$ [3]

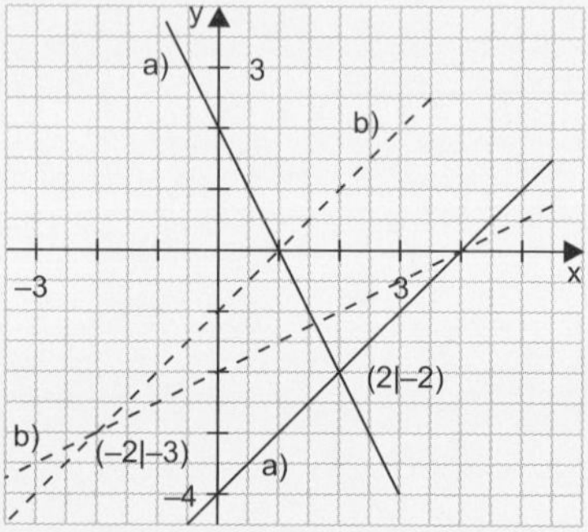

[10]

a) parallel zueinander, kein Schnittpunkt, keine Lösung; $m_1 = m_2$; $n_1 \neq n_2$ [2]

b) $y = 4x + 10$; $y = 1{,}5x$; genau ein Schnittpunkt, genau eine Lösung; $m_1 \neq m_2$ [2]

c) $y = -x$; $y = -x$; unendlich viele Lösungen, identisch; $m_1 = m_2$; $n_1 = n_2$ [2]

17

notw. Dinge: x
Süßigkeiten: x + 170
$2x + 170 = 500$
$2x = 330$
$x = 165$

Anja hat für Süßigkeiten 3,35 €, für notwendige Dinge 1,65 € ausgegeben. [5]

Anzahl der Flaschen zu 0,5 l: x
Anzahl der Flaschen zu 0,75 l: x – 200
$0{,}5 \cdot x + 0{,}75(x - 200) = 5\,000$
$0{,}5x + 0{,}75x - 150 = 5\,000$
$1{,}25x = 5\,150$
$x = 4\,120$

Es werden 4 120 kleine und 3 920 große Flaschen befüllt.

Probe: $4\,120 \cdot 0{,}5\ \text{l} = 2\,060\ \text{l}$
$3\,920 \cdot 0{,}75\ \text{l} = \underline{2\,940\ \text{l}}$
$5\,000\ \text{l}$ [6]

a) $-4x + 3y = 0$
$x = (6y + 1) : 6$

Einsetzungsverfahren:

$$-4 \cdot \frac{6y + 1}{6} + 3y = 0 \quad | \cdot 6$$

$-4(6y + 1) + 18y = 0$
$-24y - 4 + 18y = 0$
$-6y = 4$
$y = -\frac{2}{3}$
$x = (-4 + 1) : 6$
$x = -\frac{1}{2}$

Probe: $2 - 2 = 0$
$-\frac{1}{2} = (-3) : 6$
$-\frac{1}{2} = -\frac{1}{2}$ [6]

b) (I) $5x - 5y = -5 \quad | \cdot 4$
(II) $10x + 20y = 35$

Additionsverfahren:
(I) $20x - 20y = -20$
(II) $\underline{10x + 20y = 35}$
$30x = 15$
$x = 0{,}5$

in (I): $2{,}5 - 5y = -5$
$y = 1{,}5$

Probe:
in (I): $2{,}5 - 7{,}5 = -5$
in (II): $5 + 30 = 35$ [6]

Zinssatz für 4 500 €: x
Zinssatz für 8 500 €: (x + 0,5)

$\frac{4\,500\,€ \cdot x}{100} + \frac{8\,500\,€\,(x + 0{,}5)}{100}$

= 1 017,50 €
4 500 € · x + 8 500 € · x + 4 250 €
= 101 750 €
13 000x = 97 500
x = 7,5

4 500 € wurden mit 7,5 % verzinst.
4 500 € · 0,075 = 337,50 €
8 500 € wurden mit 8 % verzinst.
= 680,00 €
1 017,50 € [7]

18

a)

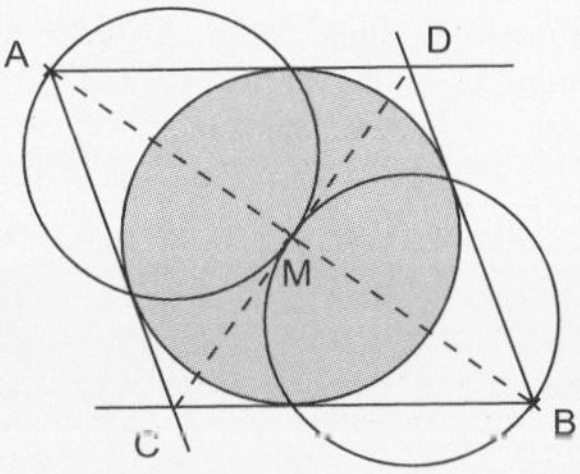

[2]

b) Tangentenabschnitte sind laut Vorgabe gleich lang; AB ⊥ CD wegen Symmetrie. [3]

c) Drachenviereck [2]

a) Maßstab 1:2

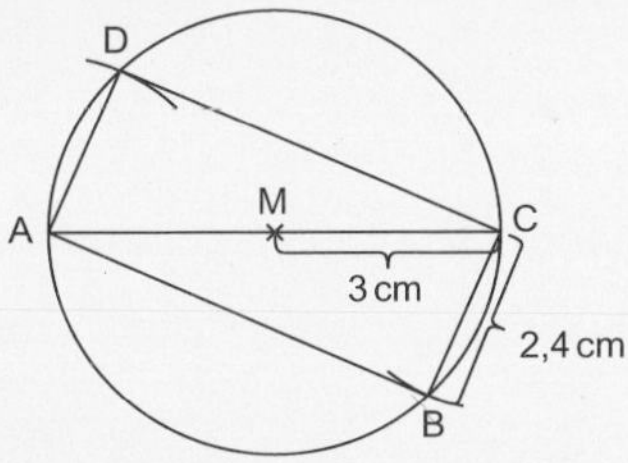

[5]

b) $\overline{AB} = \overline{CD}$ = 55 mm (gleich lang) [2]

c) A ≈ 13,2 cm² [3]

1. $A_{ABC} = \frac{\overline{AB} \cdot \overline{BC}}{2} = 9{,}6\ cm^2$

   Das Dreieck ABC ist rechtwinklig (Thalessatz). [5]

2. $A_{ADC} = \frac{\overline{AC} \cdot \frac{d}{2}}{2} = \frac{6{,}8\ cm \cdot 3{,}4\ cm}{2}$

   $= 11{,}56\ cm^2 \approx 11{,}6\ cm^2$
   Das Dreieck ADC ist rechtwinklig (Thalessatz), die Höhe ist $\frac{d}{2} = r = 3{,}4$ cm. [5]

3. $A_{ABCD} = 21{,}2\ cm^2$ [3]

19

$\overline{\sphericalangle BCA} = 60°$
(Zentriewinkel-Peripheriewinkel-Satz)
MC ist Symmetrieachse
↷ 1. $\overline{AC} = \overline{BC}$
↷ 2. ∢ CAB = ∢ ABC = 60°

↷ $\overline{AB} = \overline{BC} = \overline{AC}$ [8]

1. Δ MTP ist gleichschenklig.
2. $\overline{\sphericalangle MTP} = 90°$
   (Tangente und Berührungsradius)
3. Wegen 1. und 2. ↷ γ = 45°
   (Innenwinkelsumme im Δ MTP) [7]

1. $\overline{ED} = \overline{BC}$ (laut Vorgabe)
2. ∢ BCF und ∢ DEA = 90° (Thalessatz)
3. $\overline{FB} = \overline{AD}$ (Durchmesser)

Δ ADE ≅ Δ FBC wegen SSW
↷ $\overline{AE} = \overline{FC}$ [7]

1. $\overline{SM}$ ist gemeinsame Hypotenuse.
2. ∢ ST_1M und ∢ MT_2S = 90°
   (Tangente und Berührungsradius)
3. $\overline{MT_1} = \overline{MT_2}$ (Radien)

Δ ST_1M ≅ Δ ST_2M wegen SSW
↷ $\overline{ST_1} = \overline{ST_2}$ [8]

20

a) Sie haben zwei Symmetrieachsen HF und EG. [2]

b) Raute; wegen Symmetrie sind $\overline{EF} = \overline{FG} = \overline{HG} = \overline{HE}$ und $EG \perp HF$. [4]

c) $A_{ABCD} = \frac{1}{2} A_{EFGH}$ (Kongruenz der Teildreiecke); $A_{EFGH} = 45\ cm^2$ [4]

$A_Q = 1\,600\ cm^2$

$A_D = 4 \cdot \frac{5\ cm \cdot 5\ cm}{2} = 50\ cm^2$

$\frac{50}{1600} \approx 0{,}031 \mathrel{\hat{=}} 3{,}1\ \%$ Verlust.

Der Fachmann hat Recht. [8]

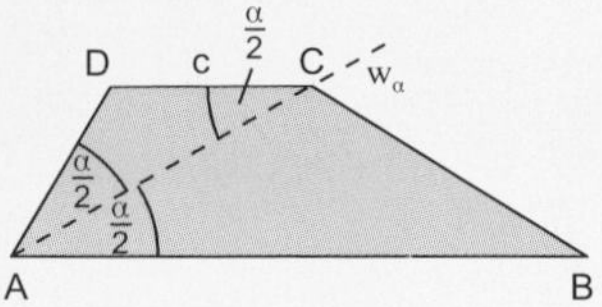

1. ∢ CAB = ∢ ACD (Stufenwinkel an geschnittenen Parallelen)
2. ∢ DAC = ∢ CAB (laut Vorgabe)
3. $\overline{AD} = \overline{CD}$ (Umkehrung des Basiswinkel-Satzes für gleichschenklige Dreiecke) [6]

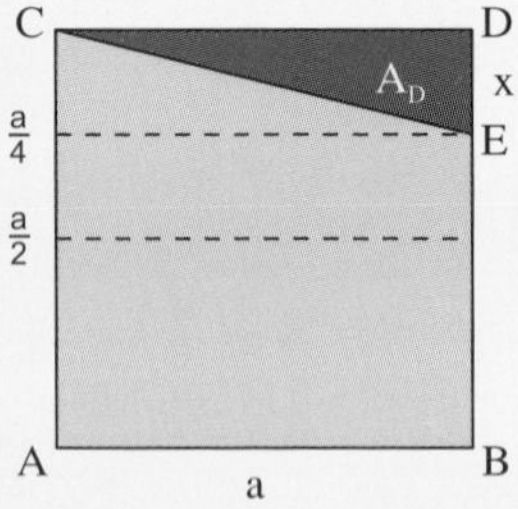

$\frac{1}{8} a^2 = \frac{a \cdot x}{2} \quad | : a$

$\frac{x}{2} = \frac{a}{8}$

$x = \frac{a}{4}$

Es muss gelten $\overline{CE} = \frac{a}{4}$. [6]

21

1. Kreisbogen k mit $r = \overline{SD}$ um S.
2. $\overline{DS}$ über S hinaus verlängern. Schnittpunkt mit k ist B.
3. Senkrechte zu $\overline{DB}$ durch S.
4. Schnittpunkte mit k sind A und C. [6]

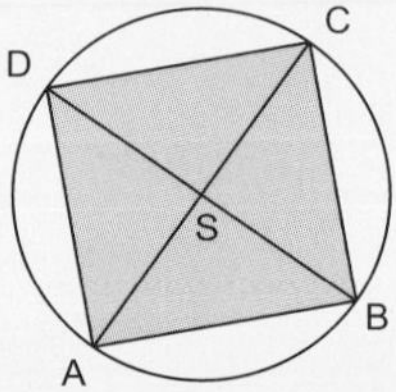

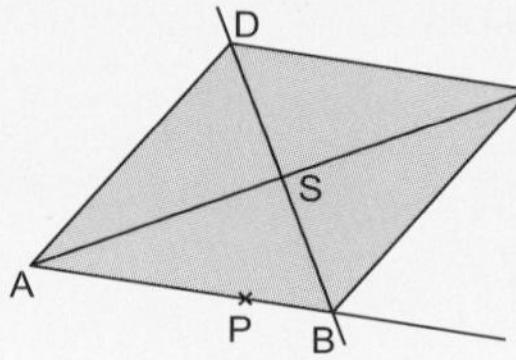

1. $\overline{AS}$ verdoppeln → C
2. Gerade AP
3. Orthogonale zu AC in S
4. Schnittpunkt mit Gerade AP → B
5. $\overline{SB}$ verdoppeln → D [8]

$\frac{1}{2}\overline{AB} = 6\ m - 4{,}4\ m = 1{,}6\ m \rightarrow \overline{AB} = 3{,}2\ m$

$\overline{A'B'} = 4\ cm$

Höhe = 2,4 m

Höhe' = 3 cm

$\frac{1}{2}\overline{DC} = 6\ m - 3{,}2\ m = 2{,}8\ m \rightarrow \overline{DC} = 5{,}6\ m$

$\overline{D'C'} = 7{,}0\ cm$ [8]

1. g_{AB} zeichnen
2. B festlegen
3. Kreisbogen um B mit r = 3,2 cm
4. Winkel β an $\overline{AB}$ in B antragen
5. 3. und 4. als Schnittpunkte → C
6. Kreisbogen um C mit r = 3,2 cm; Schnittpunkt mit g_{AB} → A
7. Lot in A errichten
8. Parallele zu $\overline{AB}$ durch C
7. und 8. → D

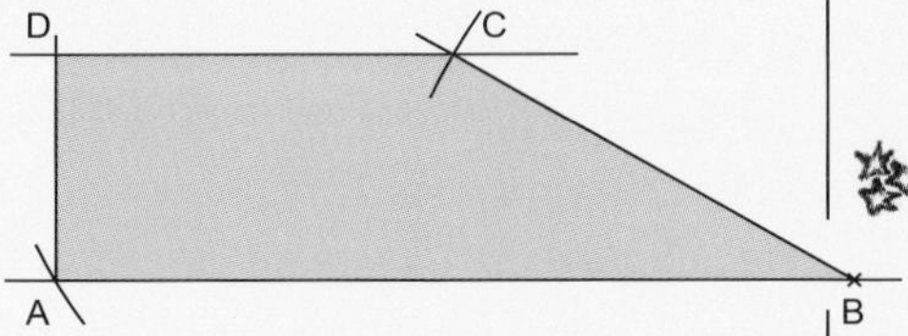

[8]

22

$4{,}5\text{ dm} \cdot 4{,}2\text{ dm} : 4{,}5\text{ dm} \cdot x = 7 : 6$

$4{,}2\text{ dm} : x = 7 : 6$

$7x = 6 \cdot 4{,}2\text{ dm}$

$x = 3{,}6\text{ dm}$ [5]

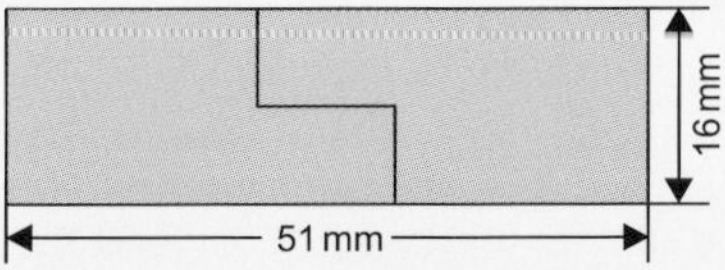

1. Fall:
1 250 mm : 51 mm = 24-mal
2 040 mm : 16 mm = 127-mal
24 x 127 x 2 = 6 096 Bleche

2. Fall:
1 250 mm : 16 mm = 78-mal
2 040 mm : 51 mm = 40-mal
(39-mal, wegen Lücken)
78 x 39 x 2 = 6 084 Bleche

Fall 1 ist günstiger:

 $= 408\text{ mm}^2$;

$408\text{ mm}^2 \cdot 6\,096 \approx 24\,872\text{ cm}^2$

$$\frac{24\,872\text{ cm}^2}{204\text{ cm} \cdot 125\text{ cm}} \approx 0{,}975 \mathrel{\hat{=}} 97{,}5\ \%$$

→ 2,5 % Verlust

Man kann im besten Falle 6 096 Bleche gewinnen. Der Verlust beträgt dann noch ungefähr 2,5 %. [16]

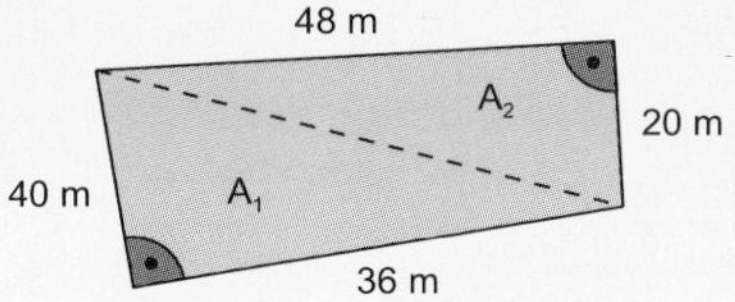

$$A = A_1 + A_2 = \frac{48 \cdot 20\text{ m}^2}{2} + \frac{40 \cdot 36\text{ m}^2}{2}$$

$$= 480\text{ m}^2 + 720\text{ m}^2 = 1\,200\text{ m}^2$$

$1\,200\text{ m}^2 \cdot 8\text{ €/m}^2 = 9\,600\text{ €}$

$$\frac{600\text{ €}}{9\,600\text{ €}} \mathrel{\hat{=}} 6{,}25\ \%$$

Er sollte ihm raten, zu verhandeln, denn die Forderung des Verkäufers ist um 6,25 % überhöht. [9]

23

a)

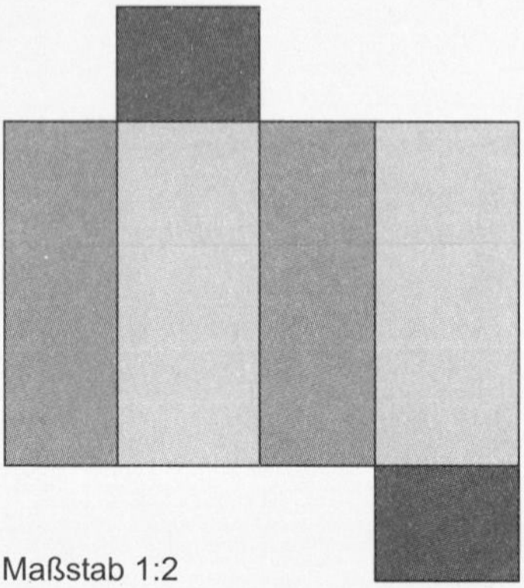

Maßstab 1:2 [6]

b)

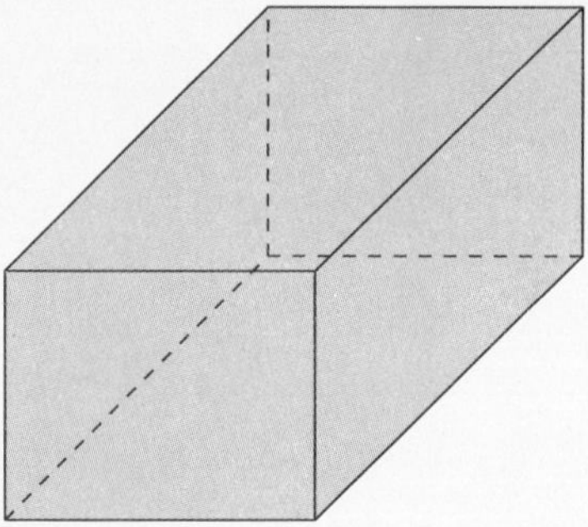

[6]

a) Figur 1: Prisma mit gleichseitigem Dreieck als Grundfläche (dreiseitiges Prisma)
Figur 2: Prisma mit regelmäßigem Sechseck als Grundfläche (sechsseitiges Prisma) [6]

b) Figur 1:

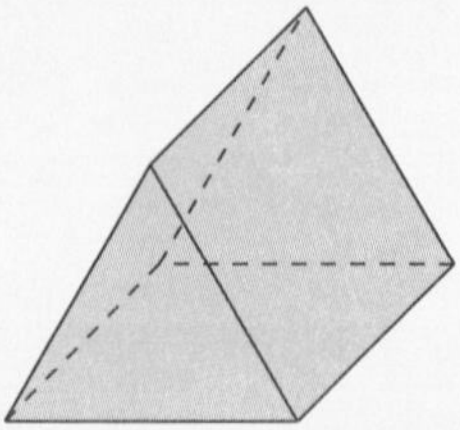

[6]

Figur 2:

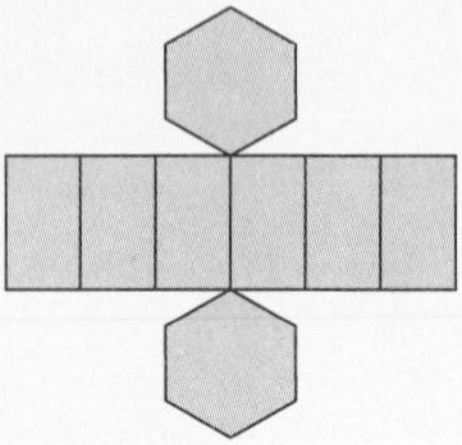

Maßstab 1:2

[6]

24

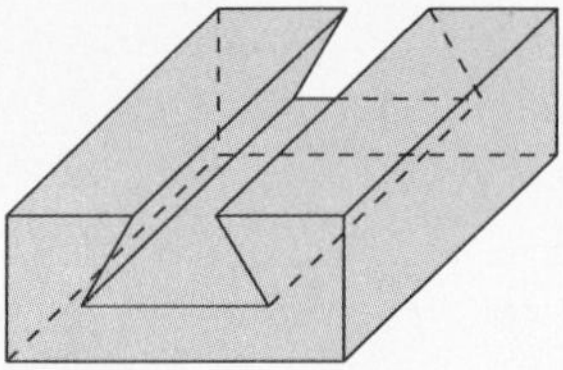

Maßstab 1:2

[5]

V = [(100 dm · 55 dm + (65 dm · 70 dm)] · 1,5 dm = (5 500 dm^2 + 4 550 dm^2) · 1,5 dm = 15 075 l ≈ 15 100 l

Schöpfen und Wegtragen von zwei Eimern (20 l) – Schätzwert: 5 min
(5 min – 10 min können gelten)

15 100 l : 20 l = 755-mal
755 x 5 min = 3 775 min
Das wären rund 63 Stunden.

Nein, Nico kann es bis zum Abend nicht schaffen. [15]

A = (1,5 + 1,45) · 4,5 m^2 + 2,4 · 4,5 m^2 + 2 · 1,5 · 2,4 m^2 ≈ 13,3 m^2 + 11 m^2 + 7,2 m^2 ≈ 31,5 m^2
Er muss vier Dosen Farbe besorgen. [10]

25

a)

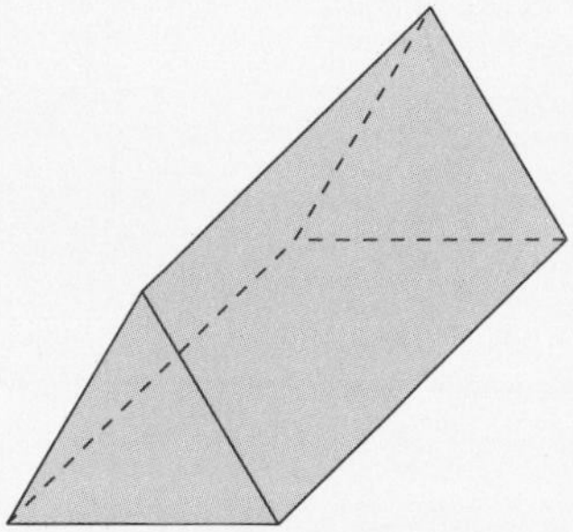

[6]

b)

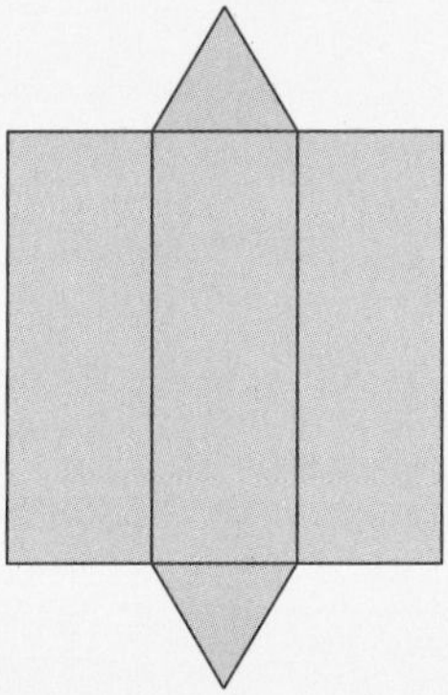

[6]

c) 45 000 g : 75 g = 600
Es werden 600 Schachteln benötigt.
[3]

a) $x = u = 2 \cdot r \cdot \pi = 2 \cdot 6 \cdot \pi \text{ cm} \approx 37{,}7 \text{ cm}$
[4]

b) $V = r^2 \cdot \pi \cdot h = (6 \text{ cm})^2 \cdot \pi \cdot 8 \text{ cm}$
$\approx 905 \text{ cm}^3$

$M = 37{,}7 \text{ cm} \cdot 8 \text{ cm} \approx 302 \text{ cm}^2$ [7]

$a_1 : a_2 : a_3 = 1 : 2 : 3$ [4]

26

$W_{G/F} = \frac{1}{12}$
$W_{G/N} = \frac{1}{6}$
$W_{F/G} = \frac{1}{12}$
$W_{F/N} = \frac{1}{6}$
$W_{N/F} = \frac{1}{6}$
$W_{N/G} = \frac{1}{6}$
$W_{N/N} = \frac{1}{6}$

$S = 1$

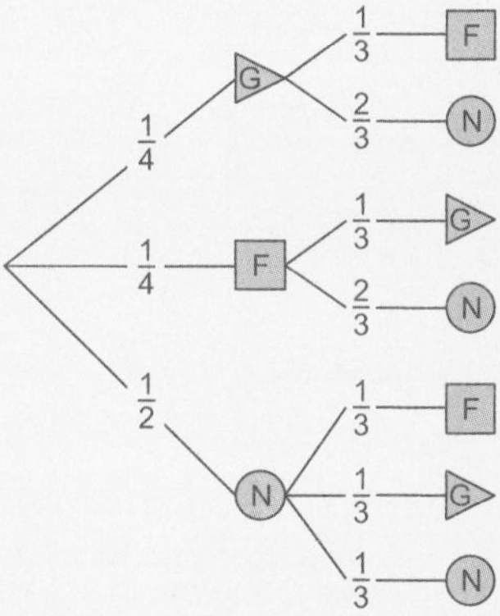

[15]

$W = \frac{2}{16} \cdot \frac{1}{15} = \frac{1}{120} = 0{,}008\overline{3} \mathrel{\hat{=}} 0{,}8\ \%$

Die Wahrscheinlichkeit für diesen Fall beträgt weniger als 1 %. [5]

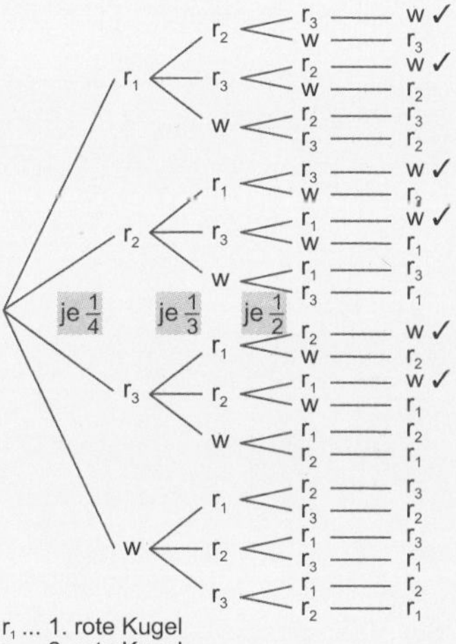

r_1 ... 1. rote Kugel
r_2 ... 2. rote Kugel
r_3 ... 3. rote Kugel
w ... weiße Kugel
[7]

$W = 6 \cdot \frac{1}{24} = \frac{1}{4} \mathrel{\hat{=}} 25\ \%$
Die Wahrscheinlichkeit für diesen Fall liegt bei 25 %. [3]

27

WWZ; WZW; ZWW; WZZ; ZWZ; ZZW; ZZZ

W = $\frac{7}{8} \triangleq 87{,}5$ %
Die Wahrscheinlicheit hierfür entspricht 87,5 %. [8]

Es gibt 25 gerade und 26 ungerade Zahlen. [2]

a) Voraussetzung: Eine gerade und eine ungerade Zahl werden ausgewählt.
W = $\frac{25}{51} \cdot \frac{26}{50} = 0{,}255 \triangleq 25{,}5$ % [4]

b) Voraussetzung: Drei ungerade Zahlen. [2]
W = $\frac{26}{51} \cdot \frac{25}{50} \cdot \frac{24}{49} = 0{,}1248 \triangleq 12{,}5$ % [3]

a) $W_1 = 0{,}7 \cdot 0{,}9 \cdot 0{,}25 = 0{,}158$
Ein totaler Misserfolg kann mit einer Wahrscheinlichkeit von 15,8 % eintreten. [4]

b) $W_2 = 1 - W_1 = 84{,}2$ %
Die Wahrscheinlichkeit hierfür entspricht 84,2 %. [3]

100 %

Im ungünstigsten Fall entnimmt man 72 weiße und 55 gelbe Kugeln (72 + 55 = 127). Danach muss die 128. Kugel eine rote sein. [4]

28

Statistisch: Von zwölf Tassen sind $\frac{1}{3}$ o.k. (4 T.), der Rest ist fehlerhaft (8T.).
W = $\frac{4}{12} \cdot \frac{3}{11} \cdot \frac{2}{10} \cdot \frac{1}{9} = 0{,}002 \triangleq 0{,}2$ %
Die Wahrscheinlichkeit für diesen Fall entspricht 0,2 %. [5]

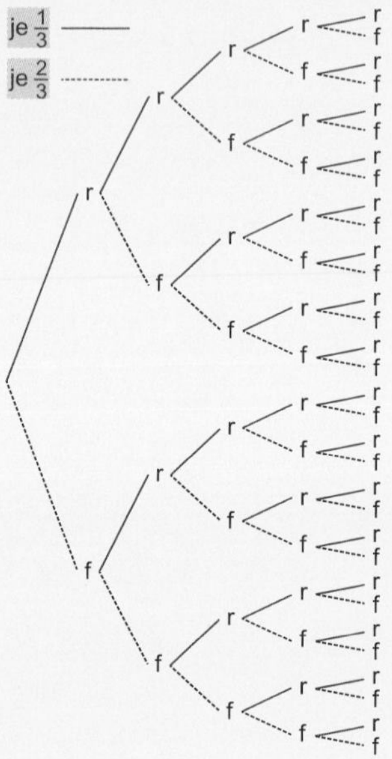

[6]

a) $W_a = \left(\frac{1}{3}\right)^5 = 0{,}0041 \triangleq 0{,}41$ %
Die Wahrscheinlichkeit entspricht 0,41 %. [4]

b) $W_b = 5 \cdot \left(\frac{1}{3}\right)^4 \cdot \frac{2}{3} = 0{,}041 \triangleq 4{,}1$ %
Die Wahrscheinlichkeit entspricht 4,1 %. [4]

c) $W_c = 5 \cdot \left(\frac{2}{3}\right)^4 \cdot \frac{1}{3} + \left(\frac{2}{3}\right)^5 = 0{,}33 + 0{,}13$
$= 0{,}46 \triangleq 46$ %
Die Wahrscheinlichkeit entspricht 46 %. [4]

a) $W_a = (0{,}95)^{10} = 0{,}60 \triangleq 60$ %
Die Wahrscheinlichkeit entspricht 60 %. [3]

b) $W_b = W_a + 9 \cdot (0{,}95)^9 \cdot 0{,}05$
$= 0{,}60 + 0{,}28 = 0{,}88 \triangleq 88$ %
Die Wahrscheinlichkeit entspricht 88 %. [4]

29

Lösungen sind alle Permutationen der Augenzahlen 1 bis 6, also 6!. Dabei stellt die Augenzahl 1 den Januar, die Augenzahl 2 den Februar usw. dar. Jede derartige Wurfserie hat die Wahrscheinlichkeit $\left(\frac{1}{6}\right)^6$.

$$W = \frac{6!}{6^6} = \frac{1 \cdot 2 \cdot 3 \cdot 4 \cdot 5 \cdot 6}{6 \cdot 6 \cdot 6 \cdot 6 \cdot 6 \cdot 6} = \frac{5}{324} = 0{,}0154$$

$$\mathrel{\hat{=}} 1{,}54\ \%$$

Die Wahrscheinlichkeit hierfür entspricht 1,54 %. [10]

Dreifacher Münzwurf; WWW
$W = \frac{1}{8} = 0{,}125 \mathrel{\hat{=}} 12{,}5\ \%$
Die Wahrscheinlichkeit hierfür entspricht 12,5 %. [5]

Aus Erfahrung müsste die folgende Zuordnung gewählt werden:

2.	3.	1.	7.	4.	5.	6.
0/7	1/8	2/9	3	4	5	6

0/7	1/8	2/9	3	4	5	6
卌 卌 卌 卌 |	卌 卌 卌 卌	卌 卌 卌 卌 |||	卌 ||	卌 卌 ||	卌 卌	卌 ||
21	20	23	7	12	10	7

Für diese Ergebnisse wurden in der Zufallszahlen-Tabelle die ersten beiden Querspalten ausgezählt. [10]

$W = \frac{1}{6} \cdot \frac{1}{6} = \frac{1}{36} = 0{,}02\overline{7} \mathrel{\hat{=}} 2{,}8\ \%$
Die Wahrscheinlichkeit entspricht 2,8 %. [5]

Liebe Schülerin, lieber Schüler,

auf dieser Seite kannst du deine erreichten Punkte eintragen. So erkennst du schnell, welche Themen du gut bewältigt hast und welche dir noch Schwierigkeiten bereiten.

Thema	Punkte	Thema	Punkte
1 Dreisatz – in drei Schritten zum Ergebnis		15 Nullstellen ermitteln	
2 Einfache Gleichungen aufstellen		16 Lineare Gleichungssysteme	
3 Mit „bequemen" Prozentsätzen rechnen		17 Gleichungsmix	
4 Prozentrechnung anwenden			
5 Zinsen berechnen		18 Kreislehre – Satz des Thales	
		19 Einfache Beweise am Kreis	
6 Ausklammern		20 Berechnungen an Vierecken	
7 Terme		21 Vierecke konstruieren	
8 Termwerte berechnen		22 Flächeninhalt von Vierecken	
		23 Körper darstellen	
9 Einfache Gleichungen		24 Quader und Prismen	
10 Bruchgleichungen		25 Prismen und Zylinder	
11 Textgleichungen			
12 Ungleichungen		26 Mehrstufige Zufallsexperimente	
		27 Pfadregeln	
13 Lineare Gleichungen mit zwei Variablen		28 Statistik und Wahrscheinlichkeit	
14 Gleichungen und ihre Geraden		29 Simulationen	

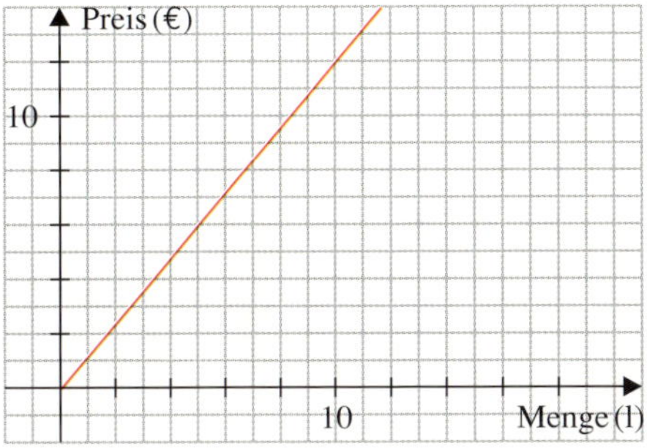

Bestimme folgende Gleichungen (siehe Grafik).

a) Gib die Gleichungen der Geraden f_1 bis f_4 an.

______________________ ______________________

______________________ ______________________

b) Sind f_1 und f_3 parallel zueinander? Begründe.

____

c) Stehen f_3 und f_4 senkrecht aufeinander? Begründe.

____

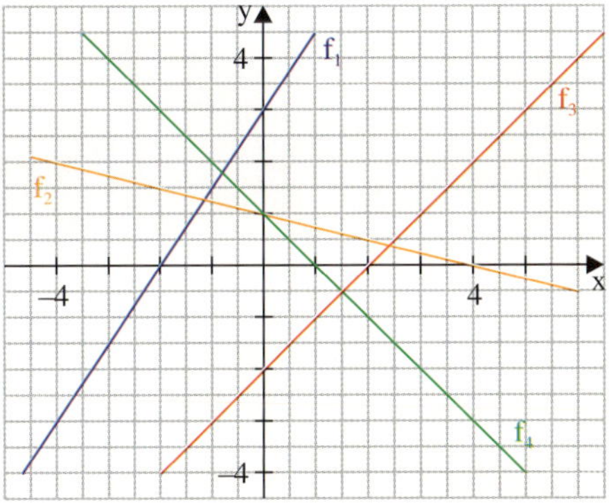

15 Nullstellen ermitteln

Das Datum von heute

____

Tom hat eine gepfefferte Handy-Rechnung bekommen, die seine Schwester Ines vorerst beglichen hat. Er schuldet ihr nun 135 €. Ines ist einverstanden, dass er pro Woche 12 € „abstottert“.

a) In welcher Woche, von der getroffenen Vereinbarung an, ist Tom schuldenfrei? Löse grafisch.

____

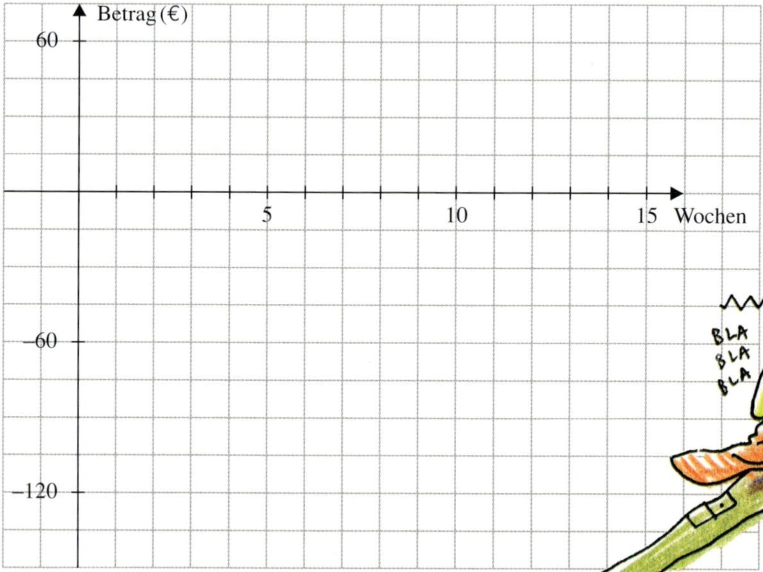

b) Vorsorglich will Tom anschließend in dieser Form weitersparen. In welcher Woche hat er 100 € angespart? Löse rechnerisch.

____

____

Eine Flüssigkeit folgt bei regelmäßiger Wärmezufuhr der Gleichung: $T = 0{,}75\ °C \cdot t - 12\ °C$. Dabei gilt: –12 °C ist die Ausgangstemperatur, 0,75 °C die Temperaturzunahme pro Minute, t die Zeit in Minuten und T die jeweils aktuelle Temperatur. Löse rechnerisch:

a) Nach wie viel Minuten sind 0 °C erreicht?

____

____

b) Welche Temperatur hat die Flüssigkeit nach 10 Minuten?

____

____

Ermittle die Nullstellen x_0 folgender Funktionen rechnerisch und zeichnerisch.

a) $y = 2x - 3$

____

____

b) $4y - 2x - 6 = 0$

____

____

c) $0{,}5x - 0{,}75y = 1{,}5$

____

____

d) $y = |x| - 2$

____

____

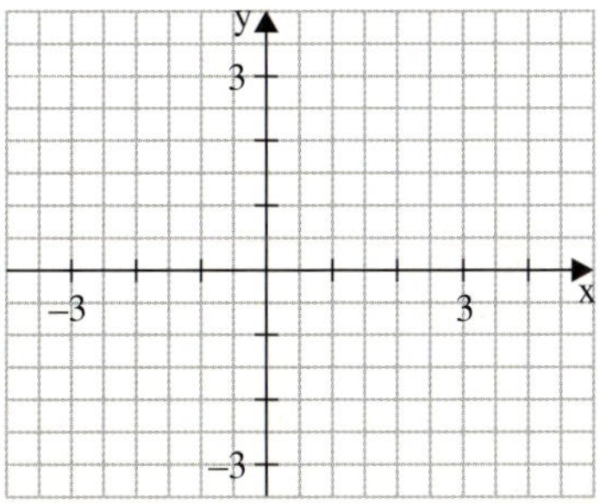

16 Lineare Gleichungssysteme

Das Datum von heute

Martin und Michael möchten eine 30-tägige Radtour durch Tschechien unternehmen und dabei 1 500 km zurücklegen. Als sie gerade losfahren wollen, stellt Michael fest, dass seine Handykarte abgelaufen ist. Kurzentschlossen vereinbaren sie, dass Martin schon startet und täglich 80 km fährt. Michael kommt einen Tag später nach und will jeden Tag 120 km schaffen. Löse die folgenden Aufgaben zeichnerisch.

a) Wie viele Tage ist Martin schon unterwegs, wenn Michael ihn einholt?

b) Wie viele Kilometer ihrer Radtour haben die beiden bis dahin zurückgelegt?

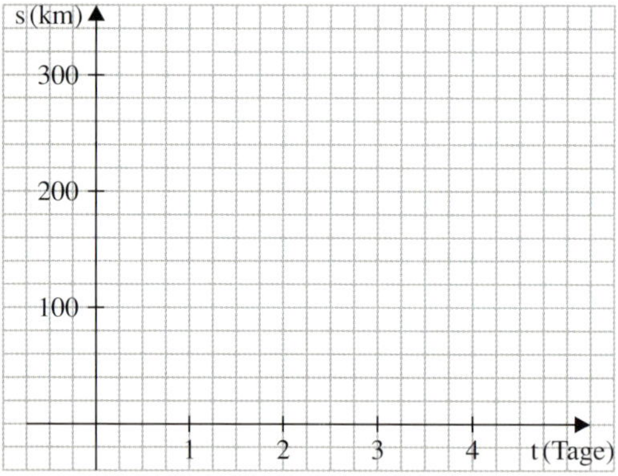

Ermittle rechnerisch und zeichnerisch die Schnittpunkt-Koordinaten dieser linearen Gleichungssysteme.

a) $y = x - 4;\ y = -2x + 2$

b) $2y - x = -4;\ y - x = -1$

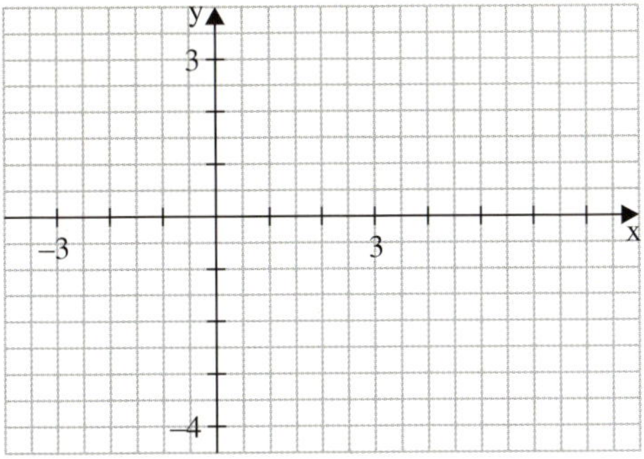

Entscheide, ob die folgenden Gleichungssysteme genau eine, keine oder beliebig viele Lösungen haben, und begründe deine Aussagen.

a) $y = -2x + 3$ ____________________________

$y = -2x - 4$ ____________________________

b) $0{,}3y - 1{,}2x - 3 = 0$ ____________________________

$y = 1{,}5x$ ____________________________

c) $y = -x$ ____________________________

$2y + 2x = 0$ ____________________________

17 Gleichungsmix

Das Datum von heute

Anja hat Grund zur Selbstkritik. Von ihren 5 € Taschengeld pro Woche hat sie 170 ct mehr für Süßigkeiten ausgegeben als für wirklich notwendige Dinge. Wie viel hat sie demnach für beides jeweils ausgegeben? Berechne und überprüfe ein Ergebnis.

In einer Kelterei werden 50 hl Apfelmost in Flaschen mit 0,5 l und mit 0,75 l Inhalt gefüllt. Es werden 200 kleine Flaschen mehr gebraucht als große. Berechne, wie viele kleine und wie viele große Flaschen befüllt werden, und überprüfe dein Ergebnis.

Wende jeweils ein geeignetes Verfahren an, um das Lösungspaar $(x|y)$ dieser linearen Gleichungssysteme zu berechnen.

a) $-4x + 3y = 0$

$x = (6y + 1) : 6$

b) $5x - 5y = -5$

$10x + 20y = 35$

Familie Albert hat zwei Darlehen in Höhe von 4 500 € und 8 500 € bei zwei verschiedenen Banken aufgenommen und zahlt dafür pro Jahr insgesamt 1 017,50 € Zinsen. Zu wie viel Prozent wurde jedes der beiden Darlehen verzinst, wenn der größere Betrag um 0,5 % höher verzinst wird als der kleinere?

18 Kreislehre – Satz des Thales

Das Datum von heute ____________

Die Punkte A und B liegen auf einer Geraden durch den Kreismittelpunkt und haben den gleichen Abstand zu M.

a) Konstruiere von A und B beide Tangentenpaare an den Kreis. Die Schnittpunkte der beiden Tangentenpaare seien C und D.

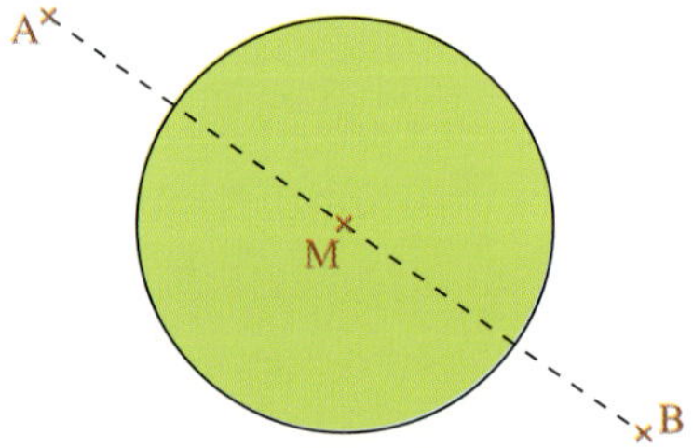

b) Begründe, warum das Viereck ACBD eine Raute ist.

____

____

c) Was für ein Viereck ergibt sich für den Fall, dass die Strecke $\overline{AM}$ kürzer ist als die Strecke $\overline{BM}$?

____

Der Umkreis k eines Rechtecks ABCD hat einen Radius von 3,0 cm.
Für das Rechteck gilt: $\overline{BC} = \overline{AD} = 2{,}4$ cm.

a) Konstruiere auf Seite 41 das Rechteck ABCD mit Hilfe des Satz des Thales.

b) Miss die Streckenlängen $\overline{AB}$ und $\overline{CD}$ und vergleiche.

____

c) Gib den Flächeninhalt A des Rechtecks an.

____

Hier kannst du zeichnen:

Von dem Viereck ABCD sind die folgenden Stücke bekannt:
$\overline{AC} = d = 6{,}8$ cm; $\overline{AB} = 3{,}2$ cm; $\overline{BC} = 6{,}0$ cm.
Die Strecke $\overline{DM}$ ist eine Senkrechte zur Strecke $\overline{AC}$. Berechne den Flächeninhalt A des Vierecks ABCD und begründe deinen Rechenweg.

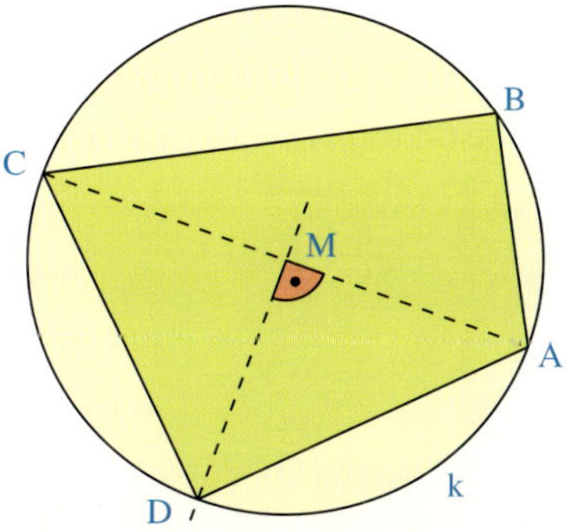

Rechnung:

Begründung:

19 Einfache Beweise am Kreis

Das Datum von heute

Kai behauptet etwas überheblich: „Ich brauche diese Skizze nur anzusehen und weiß schon, dass ABC ein gleichseitiges Dreieck sein muss." Kann man das auch beweisen?

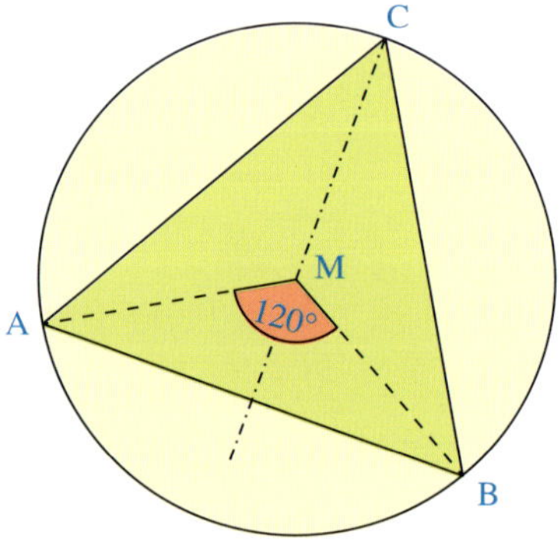

Wenn du die Tangente t in dieser Skizze so legst, dass die Strecke $\overline{MT}$ genauso lang ist wie die Strecke $\overline{PT}$, erkennst du vermutlich recht schnell, dass $\gamma = 45°$. Begründe.

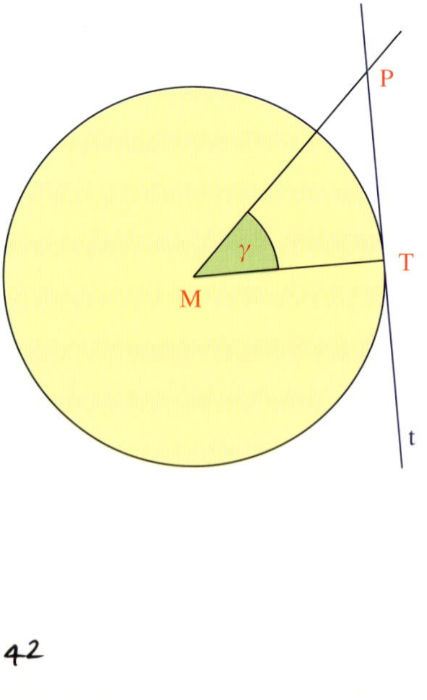

Die Strecken $\overline{ED}$ und $\overline{BC}$ in dieser Skizze sind gleich lang. Beweise, dass dann auch die beiden Strecken $\overline{AE}$ und $\overline{FC}$ gleich lang sind. (Denk dabei auch an die Kongruenzsätze.)

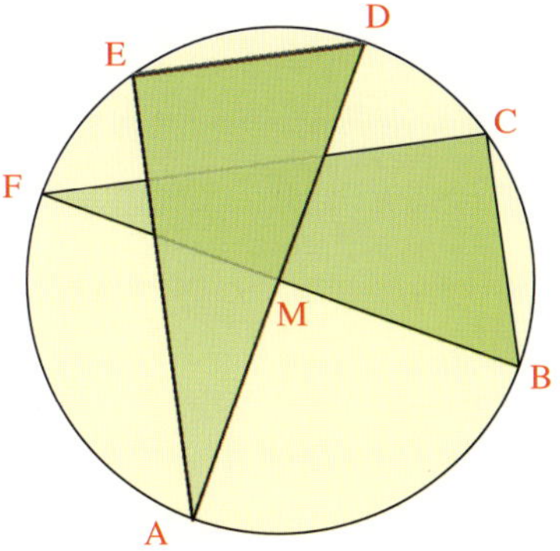

Beweise, dass die beiden Tangentenabschnitte $\overline{ST_1}$ und $\overline{ST_2}$ gleich lang sind. (Denk auch hier an die Kongruenzsätze.)

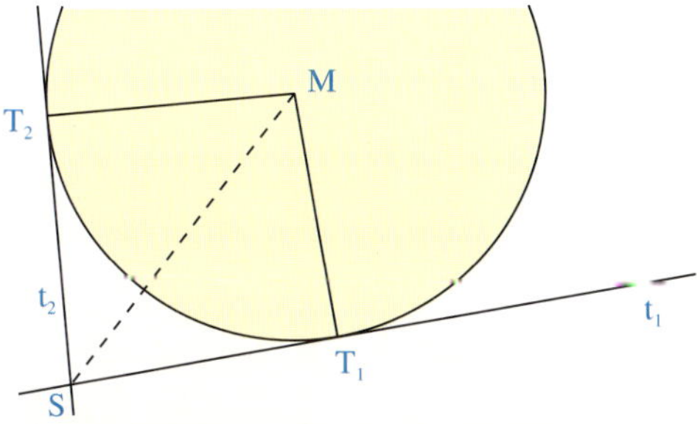

20 Berechnungen an Vierecken

Das Datum von heute

____

Symmetrie und Kongruenz.

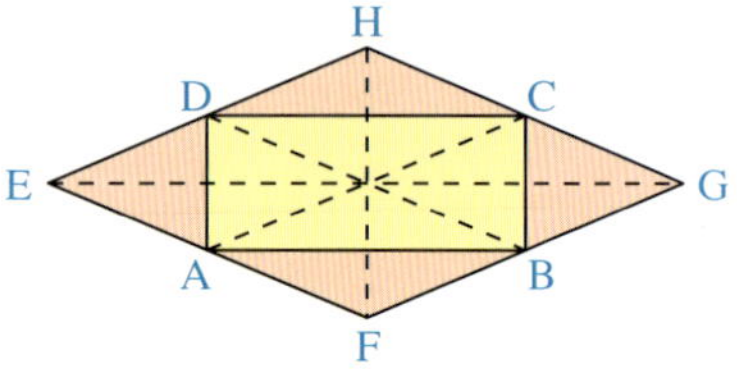

a) Wie viele Symmetrieachsen hat das Viereck EFGH und wie viele das Viereck ABCD?

____

b) Was für ein spezielles Viereck ist EFGH? Begründe.

____

____

c) Der Flächeninhalt des Vierecks ABCD betrage 22,5 cm^2. Welchen Flächeninhalt hat dann das Viereck EFGH?

____

Beim Auspacken seiner neuen Hanteln hat Gregor dummerweise eine Ecke des quadratischen Marmortischchens im Wohnzimmer abgebrochen. Der hinzugezogene Fachmann rät, von jeder Ecke 5 cm abzutrennen (siehe Skizze). Der Verlust an Fläche wäre dabei sehr gering – kaum mehr als 3 %. Kann das sein?

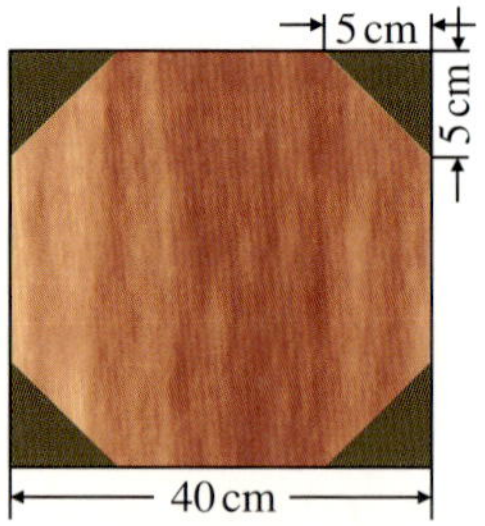

____

Gegeben ist das Trapez ABCD. Eingezeichnet ist ferner die Winkelhalbierende des Winkels α, die genau durch den Punkt C geht. Begründe, dass die Strecke $\overline{AD}$ genauso lang ist wie die Seite c des Trapezes.

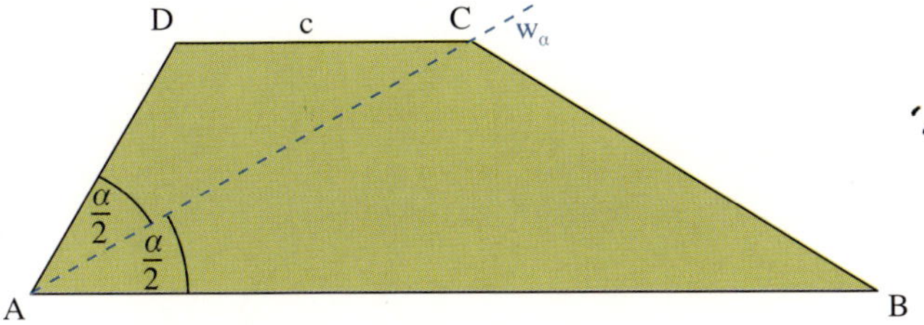

____

____

____

Wie ist im Quadrat ABCD der Punkt E zu wählen, damit der Flächeninhalt des Dreiecks A_D genau 12,5 % des Flächeninhaltes des Quadrates ergibt? Löse die Aufgabe rechnerisch und zeichnerisch.

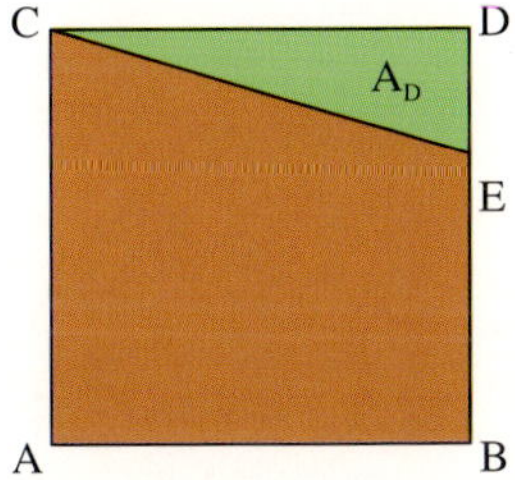

21 Vierecke konstruieren

Das Datum von heute

Konstruiere ein Quadrat ABCD, wenn die Länge einer halben Diagonalen gegeben ist. (S: Diagonalenschnittpunkt)

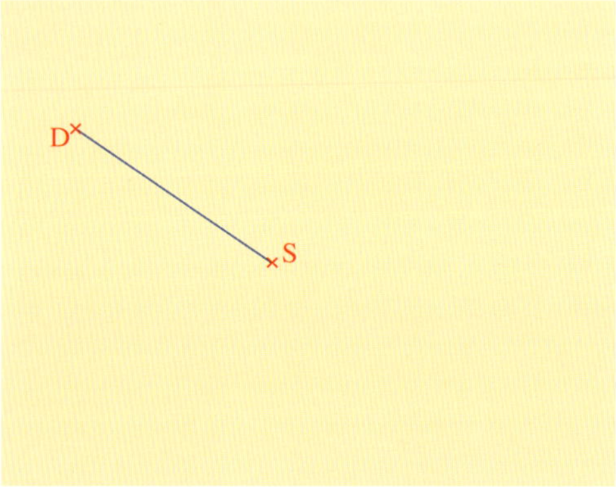

Konstruiere eine Raute ABCD mit dem Eckpunkt A, dem Diagonalenschnittpunkt S und einem Punkt P auf der Seite $\overline{AB}$. Entwirf die Raute zunächst vor deinem „geistigen Auge“ und zeichne erst dann.

Die Skizze zeigt einen Fachwerkgiebel. Konstruiere das gekennzeichnete Trapez im Maßstab 1 : 80.

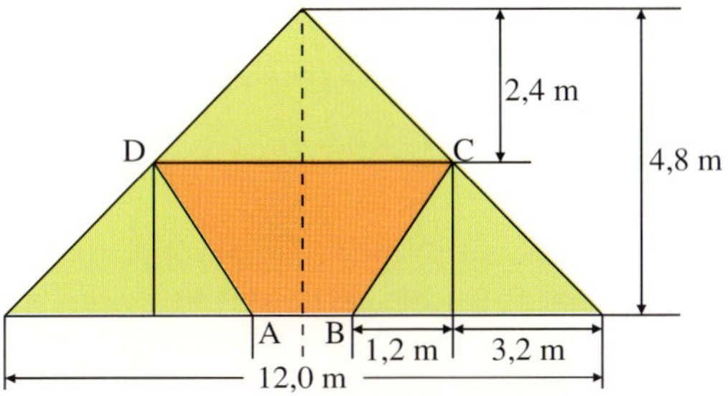

Konstruiere ein rechtwinkliges Trapez ($\alpha = 90°$) mit $\overline{AC} = \overline{BC} = 3{,}2$ cm und $\beta = 30°$.

22 Flächeninhalt von Vierecken

Das Datum von heute

Berechne x, wenn gilt: g ist parallel zu h und die Flächeninhalte der Parallelogramme P_1 und P_2 verhalten sich wie 7 : 6.

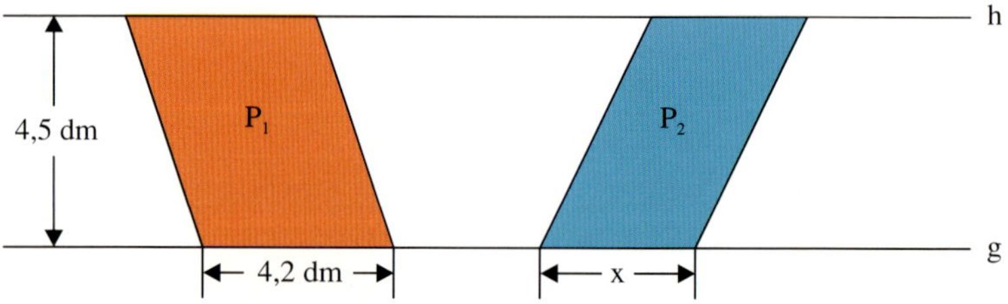

Aus rechteckigen Stahlblechen von 0,5 mm Dicke in den Abmessungen 1 250 mm x 2 040 mm sind die skizzierten Teile möglichst verlustarm auszustanzen. Wie viele Teile kann man im besten Falle gewinnen? Wie viel Prozent beträgt dennoch der Verlust? Berechne auf Seite 49.

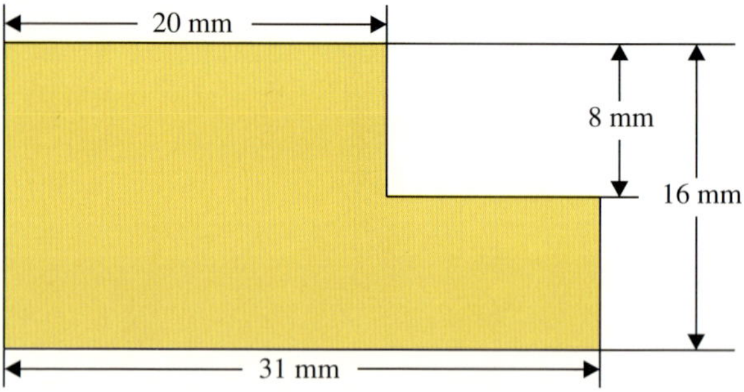

Herr Wolf will ein Grundstücks-Angebot prüfen, war aber in Mathe keine große Leuchte. Darum soll Sohn Jens (8. Klasse) ihm dabei helfen. Das unerschlossene Grundstück hat die skizzierte Form und die angegebenen Abmessungen. Der Preis soll 10 200 € betragen. Das Bauamt gibt für dieses Gelände einen Höchstpreis von 8 €/m² an. Was sollte Jens seinem Vater raten? Berechne.

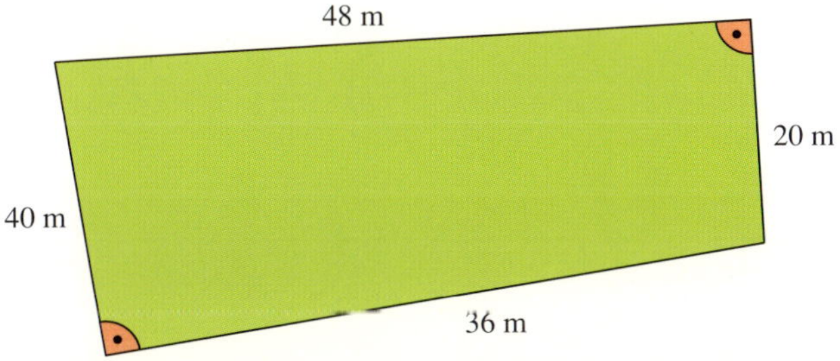

23 Körper darstellen

Das Datum von heute

Kai hat seiner Schwester Grit zum 15. Geburtstag ein kleines, aber feines Geschenk gekauft. Nun möchte er dafür als persönliche Note eine hübsche Verpackung basteln. Der Gegenstand erfordert einen Quader in den Abmessungen 2,5 cm x 2,0 cm x 6,0 cm.

a) Zeichne von einem solchen Quader das Netz aus zusammenhängenden Oberflächenteilen (Abwicklung) im Maßstab 1 : 2.

b) Wie sieht diese Verpackung dann aus? Zeichne den Quader im Maßstab 1 : 1 als schräge Parallelprojektion mit Tiefenlinien in halber Länge (Verkürzungsfaktor 0,5) unter einem Winkel von 45°.

Die Abbildungen zeigen das Netz eines Körpers (Figur 1) und die Grund-Aufriss-Darstellung eines anderen Körpers (Figur 2).

a) Um welche Körper handelt es sich?

Figur 1: ______________________________

Figur 2: ______________________________

b) Zeichne Figur 1 als Schrägbild liegend. Entnimm die Maße der Abbildung und zeichne im Maßstab 2 : 1.
Zeichne von Figur 2 ein Netz. Entnimm die Maße der Abbildung.

Figur 1

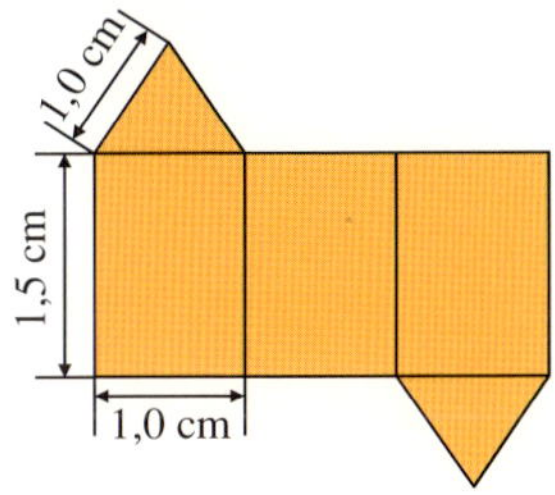

Figur 2

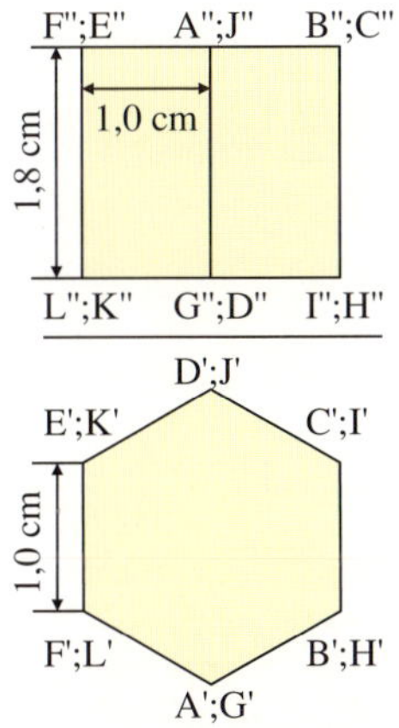

24 Quader und Prismen

Das Datum von heute

Ergänze die Vorderansicht dieses 80 mm langen Maschinenteils zum vollständigen Schrägbild (schräge Parallelprojektion, siehe Seite 50) und zeichne dabei auch die unsichtbaren Kanten.

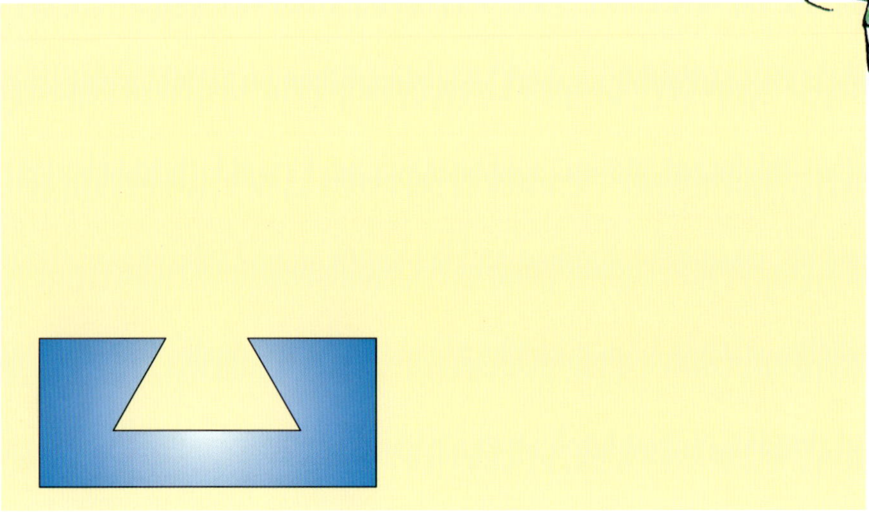

Nach sintflutartigen Regenfällen steht im Keller von Nicos Elternhaus (siehe Grundriss) 15 cm hoch eine dreckige Brühe. Nicos Eltern kommen aber erst am späten Abend nach Hause. Tapfer macht sich der 13-Jährige mit zwei 10-Liter-Eimern und einem 5-Liter-Topf zum Schöpfen an die Arbeit. Wird er es bis zum Abend schaffen, den Keller leer zu bekommen? Rechne, schätze und entscheide. Berechne auf Seite 53.

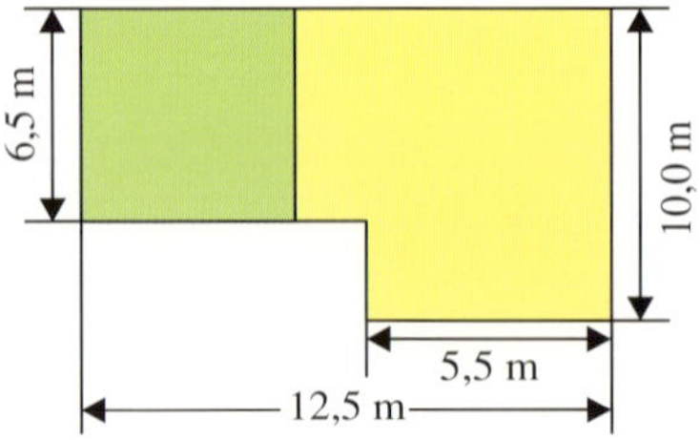

Der Gartenpool der Familie Schmidt ist 4,5 m lang und hat den abgebildeten Querschnitt. Innenwände und Boden müssen alle zwei Jahre mit einer Spezialfarbe zweifach gestrichen werden. Eine Dose Farbe reicht für 18 m^2. In diesem Jahr übernimmt Jan das Streichen. Wie viele Dosen Farbe muss er besorgen? (Die leichte Bodenschräge kann vernachlässigt werden.)

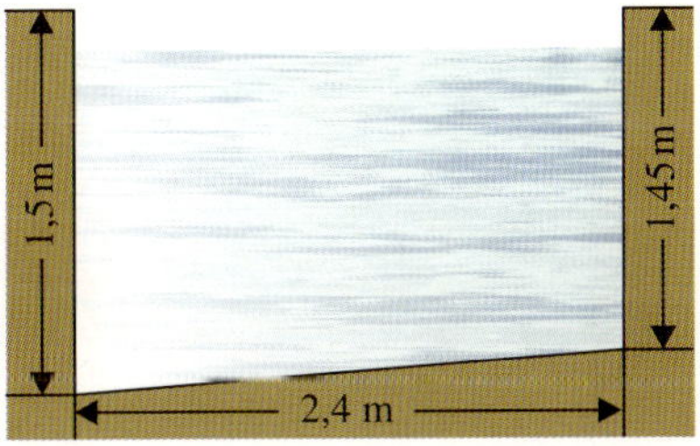

25 Prismen und Zylinder

Das Datum von heute ______________

Die Firma Nasch verkauft Waffelröllchen in prismaförmigen Schachteln. Die Grund- und Deckfläche besteht aus einem gleichseitigen Dreieck ($a = 4$ cm), die Höhe beträgt 12 cm.

a) Skizziere eine solche Schachtel in schräger Parallelprojektion im Maßstab 1 : 2.

b) Zeichne das Netz (Abwicklung) der Schachtel im Maßstab 1 : 4.

c) Es sollen 45 kg Waffelröllchen verpackt werden. Eine Schachtel fasst ca. 75 g. Wie viele Schachteln werden benötigt?

____

____

____

In der Abbildung ist das Netz eines Kreiszylinders dargestellt.

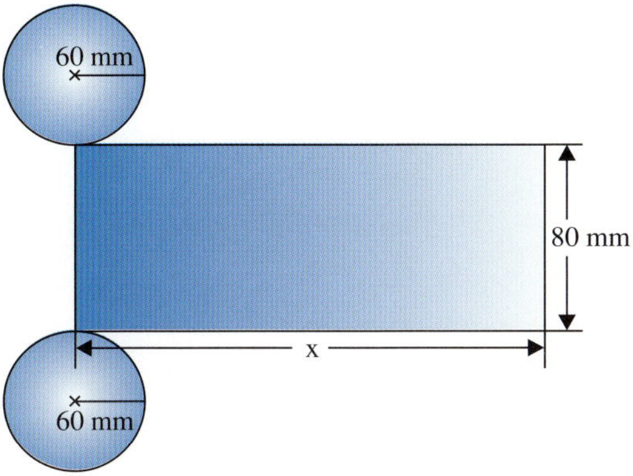

a) Berechne x.

b) Berechne das Volumen und den Mantelflächeninhalt.

Die Volumina dreier Prismen mit quadratischer Grundfläche und gleicher Höhe, die der Seitenlänge der Quadrate entspricht, verhalten sich wie 1 : 8 : 27. Wie verhalten sich die Seitenlängen der Grundflächen zueinander?

26 Mehrstufige Zufallsexperimente

Das Datum von heute

____

In einer Lostrommel sind noch vier Lose: ein Gewinn, ein Freilos und zwei Nieten. Jörg kauft zwei Lose und entnimmt diese nacheinander. Bestimme anhand des abgebildeten Baumdiagramms die Wahrscheinlichkeit jedes möglichen Ereignisses.

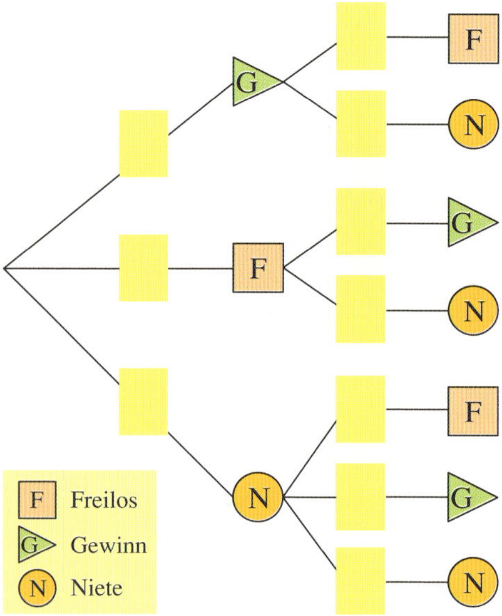

$W_{G/F}$ = ___________________

____

____

____

____

____

____

Nora hat Geburtstag. Auf der Geburtstagstafel steht eine Platte mit 16 selbst gebackenen „Berlinern“. Zwei davon sind mit Senf gefüllt. Große Spannung! Reihum nehmen alle nacheinander zwei „Berliner“ auf ihre Teller, zwei bleiben übrig. Wie groß ist die Wahrscheinlichkeit, dass genau die zwei übrig gebliebenen die „Senf-Berliner“ sind?

____

____

In einer Urne befinden sich drei rote und eine weiße Kugel gleicher Größe und Masse. Nacheinander wird jeweils eine Kugel entnommen und nicht zurückgelegt. Wie groß ist die Wahrscheinlichkeit, dass die weiße Kugel als letzte entnommen wird? Erstelle das zugehörige Baumdiagramm.

27 Pfadregeln

Das Datum von heute

____

Eine Münze wird dreimal geworfen. Wie groß ist die Wahrscheinlichkeit, dass höchstens zweimal das Wappen oben liegt?

____

Überlege, wie viele gerade und wie viele ungerade Zahlen es von 1 bis 51 gibt. Berechne dann:

____

____

a) Wie groß ist die Wahrscheinlichkeit, dass die Summe zweier aus dieser Menge beliebig ausgewählter Zahlen eine ungerade Zahl ist?

____

b) Wie groß ist die Wahrscheinlichkeit, dass das Produkt dreier beliebig aus dieser Menge ausgewählter Zahlen eine ungerade Zahl ist?

____

Während eines lang andauernden Schneesturmes müssen unbedingt Proviant und Brennstoff in ein Expeditionslager gebracht werden. Es gibt hierfür drei Möglichkeiten mit folgenden Erfolgschancen: Hubschrauber 30 %; Motorschlitten 10 %; Hundeschlitten 75 %.

a) Wie groß ist die Wahrscheinlichkeit eines totalen Misserfolgs?

____

____

b) Wie groß ist die Wahrscheinlichkeit, dass mindestens eines der Transportmittel im Lager ankommt?

____

____

Aus einer Urne mit 73 roten, 72 weißen und 55 gelben Kugeln gleicher Masse und gleicher Größe werden insgesamt 128 Kugeln entnommen. Wie groß ist die Wahrscheinlichkeit, dass unter den herausgenommenen Kugeln mindestens eine rote Kugel ist?

____

____

28 Statistik und Wahrscheinlichkeit

Das Datum von heute

Eine Firma verkauft Tassen dritter Wahl zu sehr niedrigen Aktionspreisen. Zwei Drittel der Tassen haben kleinere Fehler.
Wie groß ist die Wahrscheinlichkeit, beim Kauf von einem Dutzend solcher Tassen genau vier fehlerfreie zu erhalten?

Für das Schulfest entwirft die 8c ein Lehrerquiz mit fünf Fragen, die kaum einer der Lehrer beantworten kann (Wie hieß Schillers Mutter mit zweitem Vornamen? usw.). Zu jeder Frage werden drei Antworten angeboten, von denen genau eine richtig ist. Berechne die Wahrscheinlichkeiten dafür, dass

a) alle Lehrerantworten richtig sind,
b) nur eine Antwort falsch ist,
c) höchstens eine Antwort richtig ist.

Arbeite mit einem Baumdiagramm, das du auf einem Blatt Papier anlegst.

a) ____________________

b) ____________________

c) ____________________

Beim Tontauben-Schießen wird einem Teilnehmer eine 95-prozentige Treffsicherheit nachgesagt.

a) Berechne die Wahrscheinlichkeit, dass dieser Schütze bei zehn Schuss zehn Treffer erzielt.

b) Berechne die Wahrscheinlichkeit dafür, dass der Schütze bei zehn Schuss mindestens neun Treffer erzielt.

29 Simulationen

Das Datum von heute ____________

Wie groß ist die Wahrscheinlichkeit, dass von sechs beliebig ausgewählten Schülern jeder von ihnen genau in einem der Monate von Januar bis Juni Geburtstag hat? Simuliere mit Hilfe eines idealen Würfels.

____

Wie groß ist die Wahrscheinlichkeit, dass in Familien mit drei Kindern alle Mädchen sind? Finde eine geeignete Simulationsmöglichkeit.

____

Zu einem Hochhaus gehören sieben Behälter für Biomüll. Sie stehen in der folgenden Anordnung:

Das Abfallamt der Stadt interessiert nun die Wahrscheinlichkeit der „Rangfolge“ (von links nach rechts), in der die Tonnen befüllt werden. Simuliere das Nutzungsverhalten der Bewohner mittels geeigneter Zuordnung von Zahlen aus der Zufallszahlen-Tabelle. (Am besten legst du dir auf einem Blatt Papier eine Strichliste an.) Die ersten drei Tonnen sollen dabei doppelt belegt werden.

Zufallszahlen-Tabelle

	1	2	3	4	5	6	7	8	9	10
1	15417	74829	98508	69237	70467	34085	49284	97138	93989	14949
2	83541	78590	79977	76459	34698	24757	68161	59220	38860	27550
3	83363	57671	82647	01759	08377	43949	09336	91279	73510	94567
4	31376	08426	01496	05707	94894	51621	17306	72636	71629	65120
5	65922	79156	22950	71072	80501	93759	85577	84671	99144	71309

Romy hat beim Würfelspiel nacheinander drei Sechsen gewürfelt. Wie groß ist die Wahrscheinlichkeit, dass sie zwei weitere Sechsen würfelt?